茶樹之花
茶之精華
歲在庚子冬

茶樹花

嫩芽幼葉製名茶
孕蕾含苞綻艷花
綠水青山多獻寶
小康致富放光華

七絕 咏茶抄

庚子冬 朱兆江撰并书

彩图1　茶树花（左）与山茶花（右）的对比

彩图2　茶树花的形态

彩图3　茶树花苞

彩图4　干燥的茶树花

彩图5　茶树花茶饼

彩图6　四川雅安全义茶树花科技有限公司茶树花基地

彩图7　本书作者（左二）在福建赤溪的中农绿源茶树花科技有限公司

彩图8　福建赤溪的白茶与茶树花产品

彩图9　杭州茶树开花饮品有限公司产品

茶树花系列丛书之二

茶树花资源开发与利用

生吉萍　编著

Exploitation and Utilization of Tea Blossom Resources

中国农业科学技术出版社

图书在版编目（CIP）数据

茶树花资源开发与利用/ 生吉萍编著 .—北京：中国农业科学技术出版社，2021.4
ISBN 978-7-5116-5244-7

Ⅰ.①茶…　Ⅱ.①生…　Ⅲ.①茶树-花-资源开发②茶树-花-资源利用　Ⅳ.①S571.1

中国版本图书馆 CIP 数据核字（2021）第 049752 号

责任编辑　史咏竹
责任校对　马广洋
责任印制　姜义伟　王思文

出 版 者　中国农业科学技术出版社
北京市中关村南大街 12 号　邮编：100081
电　　话　(010)82105169(编辑室)　(010)82109702(发行部)
(010)82109709(读者服务部)
传　　真　(010)82106626
网　　址　http://www.castp.cn
经 销 者　全国各地新华书店
印 刷 者　北京建宏印刷有限公司
开　　本　710mm×1 000mm　1/16
印　　张　13.25　　彩插　4 面
字　　数　256 千字
版　　次　2021 年 4 月第 1 版　2021 年 4 月第 1 次印刷
定　　价　56.00 元

茶树花系列丛书
编 委 会

前　言

千百年来，我国人民种植茶树、采摘茶叶、制茶、发展茶道，茶已经进入千家万户，成为一种人们生活的必需品。近年来我国茶产业快速发展，一二三产业融合推进，呈现出良好的发展势头。2019 年“一带一路”国际茶产业发展论坛暨第五届中国茶业大会上，农业农村部种植业管理司介绍，目前我国茶园面积约 4400 万亩，茶叶年产量约 260 万 t，分别占世界的 60%和 45%，茶园面积及茶叶年产量均居世界第一。另据中国茶叶流通协会 2020 年公布的统计数据，2019 年全国 18 个主要产茶省茶园面积 4597. 87 万亩，全国干毛茶产量 279. 34 万 t。所产茶叶中，每年有 10%以上出口，每年出口额 16 亿美元左右。

茶产业是茶区经济发展的基础产业，是茶农收入的主要来源。但与此同时，人们却忽视了与茶叶一母同胞的茶树花。它作为茶树的生殖器官，曾经为茶树繁衍后代，却一直默默无闻，无人关注。甚至在采用无性繁殖技术之后，茶树花的繁殖功能已无利用价值，茶农将其当成茶叶的克星，因为茶树开花结果会耗去翌年新芽萌发所需的营养，影响新茶的产量和质量，所以茶农们想尽一切办法除去茶树花，耗费了人力、物力，也严重浪费了珍贵的茶树花资源。

《关于批准茶树花等 7 种新资源食品的公告》（卫生部公告 2013 年第 1 号）批准茶树花为“新资源食品”，茶树花开始受到了各界人士的广泛关注。经检测，茶树花蕴含着丰富的营养物质，包括茶多酚、茶多糖、茶皂素、超氧化物歧化酶、黄酮类物质、氨基酸等有益成分和活性物质，这些成分具有解毒、抑菌、降糖、延缓衰老、防癌抗癌和增强免疫力等功效，并且茶树花中有的营养成分含量大大高于茶叶中的含量。茶树花的用途非常广泛，可以直接做成干花茶，或与茶叶、茶果等复配做成茶树花茶供以饮用；也可酿制成为茶树花酒，或加工后添加到各类食品中，以增加产品的功能特性。更为重要的是，茶树花中的各种功能性成分都可以通过精深加工提取纯化，广泛应用于医药、保健、日用日化等领域。茶树花粉是不可多得的天然保健品，具有高蛋白、低脂肪的特点，氨基酸含量居常见花粉首位。只要有茶树的地方就有茶树花，茶树花资源丰富、可再生，茶树花的利用不仅可以使茶叶增产，还可以延长茶产业链，提高产品附加值，达到促进茶区经济发展、拓宽茶农增收渠道的目的。

在此大背景下，在中国人民大学科学研究基金重大项目“基于实验经济学理论及风险分析的生鲜农产品网络消费行为研究”（18XNL011）的经费支持下，笔者研究团队对茶树花资源的科学价值和社会学价值进行了长期的跟踪研究。笔者作为中国第一批有机食品检查员，经历了中国有机产业从无到有、从小到大的发展历程，其间多次在有机茶的检查认证中，看到了茶树花这一资源的价值，期待着将其开发利用。2016 年 12 月，笔者与长期跟踪、调研茶树花开发利用的向绍兰老师，以及对茶树花也具浓厚兴趣的哈佛大学李为慧博士，拜访了四川雅安全义茶树花科技有限公司的张全义老师，了解到该公司是国内第一个茶树花产品企业标准的制定单位。我们在那里参观了茶树花系列产品的生产线，看到了由茶树花与茶叶不同组合与工艺制作出来的茶树花红茶、茶树花绿茶、茶树花藏茶、茶树花白茶等，还体验到了茶树花茶的独特风味和口感，认识到茶树花产业具有广阔的发展前景。另外，2016—2017 年笔者曾多次去安徽省黄山市休宁县的新安源有机茶基地、安徽省黄山市的松谷有机茶基地、山东省青岛市少海茶叶有限公司的有机茶基地等进行了茶树花资源方面的调研。笔者研究团队还利用中国农业大学食品科学与营养工程学院的实验室进行了茶树花营养成分分析，更加认识到茶树花的营养与保健价值。

近年来，笔者研究团队与坐落在杭州的中农绿源茶树花科技有限公司合作，努力为茶树花产业开发探索新途径，将产业发展与国家精准扶贫相结合，力求使茶树花成为茶农农闲季节的重要收入来源。中农绿源茶树花科技有限公司张鑫董事长和新茶树花（杭州）文化传媒有限公司向绍兰总经理对茶树花事业的坚持和信念感染着、融合着大家的一颗“爱花之心”，祈愿将茶树花打造成一朵朵“金花”“银花”。2020 年 9 月，笔者研究团队还受向绍兰老师和张鑫董事长之邀，带领研究团队成员到福建省宁德地区福鼎市赤溪村进行了调研，再次感受到茶树花能够为我国扶贫攻坚和乡村振兴发挥巨大作用。作为“中国扶贫第一村”的赤溪村，在 2020 年 12 月 1 日举办了中国首届茶树花采花节，笔者身穿采茶女服装，与村民们一起采摘茶树花，体验到了小小的茶树花带给茶农的收获和希望。

持续多年的调研，笔者越发觉得茶树花是一个未经开发的巨大宝藏。但是，普通消费者不知道茶树花为何物，就连最了解茶树的茶农们也对茶树花蕴藏的价值知之不多，市面上也缺少详尽介绍茶树花的专业读物。《茶树花资源开发与利用》与向绍兰老师所著《走近茶树花》（2020 年 8 月出版）形成系列丛书，希望填补这一空白。

本书从茶树花与茶花的区别开始讲起，对茶树花的生产、功能性成分、产品开发、相关专利、生物技术以及社会价值均有详细介绍。除实地调研之外，笔者查阅了几乎所有的与茶树花相关的文献及专利，重点分析了小小茶树花的巨大科学与社会价值，最后提出产业发展的政策建议。

在本书撰写过程中，研究团队的老师和研究生们精诚团结，克服困难，共同查阅资料、实地走访，在学习和调研中，共同增长见识、开拓视野、共勉提高。诚然，我们的工作很多都是站在巨人的肩膀之上完成的，我们要感谢那些关注茶树花、致力于发展茶树花产业的茶树花人。向绍兰老师给我们提供了大量有价值的资料，四川雅安全义茶树花科技有限公司张全义董事长提供了许多技术咨询。中农绿源茶树花科技有限公司和亚茶（杭州）生物技术开发有限公司张鑫董事长倾心茶树花，投入了几乎全部的热情和大量的精力和资金！特别感谢中农绿源茶树花科技有限公司为本书的出版提供了赞助！感谢为茶树花的科学研究、开发利用做出卓越贡献的同行们！感谢一起调研、整理资料的老师们、同学们！感谢为本书出版付出努力的每一个人！

“茶树花资源开发与利用”研究团队主要成员有生吉萍、申琳、刁梦瑶、张靖宇、李松函、生栩然、马培华、高笑歌、宿文凡等。

《茶树花资源开发与利用》从着笔书写到出版，经历了 5 个春秋。该书是国内乃至全世界率先综合介绍茶树花的专业书籍，希望为致力于茶树花资源利用、产品开发、科学研究、产业发展、政策制定等相关工作的人士提供参考。笔者也希望，将来有越来越多爱茶树花的人加入我们的队伍，一起为茶树花产业的振兴而不懈努力！受知识和经验的限制，本书必然存在许多不足之处，敬请各位同仁批评指正！

生吉萍

2020 年 10 月于北京

目　　录

第一章　绪　论

一、茶树花与茶花的区别

一说到茶树花，肯定不少读者会认为我们指的是茶花。其实不然，在本书的开始，笔者先为大家厘清“茶花”和“茶树花”这两个概念，以便于大家更好地了解茶树花。

（一）茶　花

茶花又叫山茶花，我们一般说的茶花，其概念是比较笼统的。它包括了植物分类学上的山茶科山茶属中的许多可供观赏的种与品种，如云南山茶花、华东山茶花、金花茶、茶梅等，而不单指山茶花。我们通常所说的山茶花，实际上就是指具有观赏价值的山茶花品种，也就是山茶花的原始种通过自然杂交或人工杂交等途径，演变或培育出的各种不同花型、花色，被统称为山茶花。山茶花为常绿性的灌木或小乔木，产于我国、日本和朝鲜，是我国传统十大名花之一。山茶花自古以来就是名贵的观赏花卉，它不仅花形优美、花色绚丽、娇艳异常，而且开花后经久不谢，吐蕊于红梅之前，凋零于桃李之后，虽历经冰雪风霜，依旧繁花朵朵，深受人们的喜爱。19 世纪法国小仲马的名著《茶花女》中的茶花，就是从我国引种到欧洲的“大白”品种。

（二）茶树花

茶树花则与我们平时所泡的茶叶一母同胞，是茶树的生殖器官。自古以来，人们种植茶树（*Camellia Sinensis*）为的是采摘鲜叶制茶，却忽略了茶树花的利用，甚至因为茶树花的生长会与第二年萌发的新芽争夺营养，降低新茶的质量，茶树花被视为茶树的克星，茶农会采用各种方法来除去茶树花，这不仅耗费了人力，还造成了茶树花资源的严重浪费。实际上，茶树花有丰富的内含物质，具有可与迷迭香媲美的抗氧化性，同时还具有解毒、抑菌、降糖、延缓衰老、防癌抗癌和增强免疫力等功效，利用价值很高。近年来，随着对茶树花的深入研究和开发利用，人们渐渐重视起茶树花这一资源。

在植物分类学上来说，山茶与茶同属于山茶科山茶属，山茶为山茶属中的山茶亚属，茶为山茶属中的茶亚属，茶树花与山茶花的对比见彩图1。

《中国植物志》第49卷第3册（1989）87页对山茶的介绍如下。

灌木或小乔木，高9米，嫩枝无毛。叶革质，椭圆形，长5~10厘米，宽2.5~5厘米，先端略尖，或急短尖而有钝尖头，基部阔楔形，上面深绿色，干后发亮，无毛，下面浅绿色，无毛，侧脉7~8对，在上下两面均能见，边缘有相隔2~3.5厘米的细锯齿。叶柄长8~15毫米，无毛。花顶生，红色，无柄；苞片及萼片约10片，组成长2.5~3厘米的杯状苞被，半圆形至圆形，长4~20毫米，外面有绢毛，脱落；花瓣6~7片，外侧2片近圆形，几离生，长2厘米，外面有毛，内侧5片基部连生约8毫米，倒卵圆形，长3~4.5厘米，无毛；雄蕊3轮，长2.5~3厘米，外轮花丝基部连生，花丝管长1.5厘米，无毛；内轮雄蕊离生，稍短，子房无毛，花柱长2.5厘米，先端3裂。蒴果圆球形，直径2.5~3厘米，2~3室，每室有种子1~2个，3爿裂开，果爿厚木质。花期1—4月。

四川、台湾、山东、江西等地有野生种，国内各地广泛栽培，品种繁多，花大多数为红色或淡红色，亦有白色，多为重瓣。在红色山茶组里，它是少数几个子房秃净的代表之一，供观赏，花有止血功效，种子榨油，供工业用。

《中国植物志》第49卷第3册（1989）130页对茶的介绍如下。

灌木或小乔木，嫩枝无毛。叶革质，长圆形或椭圆形，长4~12厘米，宽2~5厘米，先端钝或尖锐，基部楔形，上面发亮，下面无毛或初时有柔毛，侧脉5~7对，边缘有锯齿，叶柄长3~8毫米，无毛。花1~3朵腋生，白色，花柄长4~6毫米，有时稍长；苞片2片，早落；萼片5片，阔卵形至圆形，长3~4毫米，无毛，宿存；花瓣5~6片，阔卵形，长1~1.6厘米，基部略连合，背面无毛，有时有短柔毛；雄蕊长8~13毫米，基部连生1~2毫米；子房密生白毛；花柱无毛，先端3裂，裂片长2~4毫米。蒴果3球形或1~2球形，高1.1~1.5厘米，每球有种子1~2粒。花期10月至翌年2月。

野生种遍见于长江以南各省的山区，为小乔木状，叶片较大，常超过10厘米长，长期以来，经广泛栽培，毛被及叶型变化很大。

二、茶树花资源价值

茶树花中所含的功能性成分主要有水、茶多酚、蛋白质、氨基酸、茶皂素、茶多糖、黄酮类物质、SOD 等。许金伟等对茶树花中的主要功能性成分进行了定量测定，结果得到，茶树花中茶多酚占 3.62%～4.48%，总糖占 16.15%～23.25%，其中茶多糖为 1.60%～1.65%，茶氨酸占 3.92%～5.03%，黄酮占 0.141%～0.162%。同时结果证实，茶树花同茶树的叶、芽一样，营养成分的种类及含量相似。

（一）茶多酚

茶多酚作为一种新型的食品抗氧化剂，具有天然、高效、安全的特点；同时，茶多酚还具有抑菌、抗癌、抗衰老、抗辐射、抗氧化、降血糖、降血脂等一系列药理功能。卢雯静研究了提取纯化后的茶多酚样品对金黄色葡萄球菌等 4 种常见菌的抑制效果，根据培养皿中菌种的长势情况，证明了茶多酚的抑菌作用。茶多酚还可作为保鲜剂和除臭剂，作为肉制品和鱼制品的抗氧剂，广泛地应用于油脂加工、食品工业、医药工业和日用化工业。

茶多酚目前常从茶末或低档茶叶中提取，而从废弃的茶树花中提取能大幅度降低成本，并使资源得到充分利用。目前提取茶多酚粗品的方法有微波浸提法、超声波浸提法、溶剂萃取法、超临界萃取法等，纯化方法主要有沉淀法、溶剂萃取法、树脂法等。黄阿根和董瑞建等对茶树花多酚的提取纯化工艺及抗氧化性能进行了较系统科学的研究，开发了一条可行的超声波辅助浸提—超滤膜去杂—树脂吸附联用技术提取纯化茶多酚的工艺路线，同时对不同体积分数乙醇水溶液梯度洗脱法制备得到的高纯度茶树花多酚进行了羟基自由基（-OH）及 DPPH 自由基（DPPH）清除率测定，证明了茶多酚良好的抗氧化性能。

（二）茶多糖

茶多糖是茶叶中一类具有一定生理活性的复合多糖。韩铨等研究发现，茶多糖可以增强机体的迟发超敏反应以及吞噬细胞的吞噬作用，提高宿主对肿瘤的防御反应；韩铨等的另一项研究证明了茶树花多糖的抗氧化能力，他们以不同剂量的分离纯化后的 TFP-1（茶树花多糖的主要成分之一）分别喂养 5 组大鼠连续 28 天，发现茶树花多糖可以保护小鼠由溴苯引起的肝组织脂质过氧化，并且显著地减弱了丙二醛含量的增加；魏新林等的研究结果表明茶树花多糖可以降低四氧嘧啶糖尿病模型大鼠的血糖，防止血糖快速上升，其可能的机制是茶树花多糖提供氧使大鼠免受氧化损伤并且可以抑制消化酶的活性。此外，茶多糖还具有降血脂、抗凝血、抗血栓、免疫调节、保护皮肤等作用。

目前茶树花中茶多糖的提取技术主要有溶剂浸提、酶解提取、超声波辅助提取、微波萃取、超临界 CO_2 萃取等。对茶多糖提取工艺的研究有很多。秦德利等用响应曲面法优化了超声波辅助热水浸提技术提取茶树花多糖的工艺，提取率为7.69%；韩艳丽探讨了茶树花多糖微波辅助提取的最佳工艺，这些研究使茶树花多糖得到充分利用变得更加可行。

（三）茶皂素

茶皂素，是一类齐墩果烷型五环三萜类皂苷化合物。茶皂素具有抑菌的效果，卢雯静曾研究发现其对酵母菌的抑制效果明显；茶树花皂苷还具有肠胃保护、降血脂、降血压、抗糖尿病、抗过敏、减肥等生物活性，在保健食品、医药等领域有着广阔的应用前景。水提法、有机溶剂浸提法、混合溶剂浸提法、微波辅助提取法、超声波辅助提取法、超临界流体萃取法等常被应用在茶皂素的提取中。目前有关茶树花皂苷的研究还较少，有待相关工作人员进一步深入研究。

（四）超氧化物歧化酶（SOD）

SOD 是一种生物内源性自由基清除剂，生物体细胞内的自由基通过其特有的歧化作用转化为 H_2O_2，H_2O_2 再在酶的作用下转化为水，从而达到清除人体新陈代谢产生的自由基的目的。茶树花中的 SOD 主要在存在于花粉中，且活性较高，耐热性较好。因此，研究茶树花中 SOD 的分离、纯化技术，为食品、医药、日化用品等行业提供成本低廉、取材便利的原料，也是茶树花利用的一个方向。

（五）黄酮类物质

黄酮类物质具有抗炎、抗氧化、抗细菌、抗病毒、抗肿瘤等生物活性，对人体有较强的医疗保健作用，可作为保健食品的原料。茶树花中黄酮类物质含量较为丰富，陈小萍等对不同提取方式获得的茶树花黄酮清除羟基自由基（-OH）的效果进行了探讨，同时证明了黄酮提取物清除羟基自由基的效果远高于维生素 C。目前提取黄酮类的方法主要有热水提取法、乙醇提取法、超声波提取法等。

（六）蛋白质与氨基酸

研究表明，茶树花中的蛋白质含量明显比茶叶的平均水平高，具有较大的利用空间。邓雪等利用离子交换层析法得到茶树花中的水溶性蛋白，通过在体外模拟人体内消化环境测定吸附胆酸盐的能力，证实了茶树花水溶性蛋白具有一定的降血脂功能，为其在医疗保健方面的应用提供了依据。

茶树花粉中的氨基酸含量居常用花粉首位，高达 23.57%；蛋白质含量是鸡蛋、牛奶的 5~7 倍，且茶树花粉中的蛋白质为完全蛋白。茶树花粉被誉为花粉之王，营养丰富，应用于保健食品行业的潜力巨大。

（七）挥发性成分

曾亮等收集了 12 个茶树花样品，分别对其中所含的挥发性成分进行了定性定量分析，结果发现茶树花的挥发性物质主要有以下七大类：烯烃、醛类、醇类、酸类、烷烃、酮类及酯类，而苯乙酮是最主要的挥发性物质，部分香气物质的含量因茶树植株种类不同而有较大差异。

因具有多种挥发性成分，茶树花可提取得到茶树花精油，精油的传统提取方法多采用水蒸气蒸馏法、溶剂萃取法、超临界 CO_2 萃取法和分子蒸馏法。余锐优化了超临界 CO_2 萃取茶树花浸膏以及 β-环糊精包合法制备茶树花浸膏微胶囊的工艺，并证明了茶树花浸膏的降血脂和抗氧化能力；顾亚萍研究了茶树花精油的提取工艺，并通过 GC-MS 分析，研究了 3 种干燥方式对茶树花精油组成的影响。茶树花精油在化妆品行业有着广阔的应用空间。

三、茶树花社会价值

（一）茶树花具有巨大的经济效益

茶树花具有巨大的市场开发价值和潜力，能够产生较大的经济效益。根据中国茶叶流通协会调查数据显示，2019 年我国茶园面积近 4597.87 万亩①，主要分布在 18 个产茶省（区、市）的 1000 多个县，茶园面积大，分布广。安徽、江苏和四川等省多年采收茶树花的情况表明：每亩茶园可采摘干花 20~30kg，除加工费外，可使每亩茶园增收 300~400 元；采摘茶树花后，又可使茶树第二年增产 30%；还可节省抑花剂药物等费用（100~150 元/亩）。在不新占土地、不投入任何费用的情况下，茶农利用冬闲，按照专利技术要求对茶树花进行采摘，在茶叶加工场即可进行简单加工，每亩茶园每年可增收 400~500 元。如果全国 70%茶

---

① 1 亩≈667m^2，全书同。

园的茶树花得以利用，可产茶树干花原料 30 多万 t，仅以附加值较低的初加工估算（目前收购价为 3 万元/t），每年可使茶区增产 100 多亿元。如果再进行深加工，其产值可增加数倍（陈蕾，2006）。茶树花属于“变废为宝”的新开发产品，具有可应用面广、成本低、加工简便、附加值高等特点。茶树花的生产有良好的利润空间，通过上半年生产茗茶、下半年生产茶树花的农作方式，延伸茶产业链，助力茶产业发展。

（二）茶树花是产业扶贫的重要组成部分

我国是茶产业大国，茶区扶贫工作关系民生重大问题，扶持茶农增产增收是扶贫工作的一个重要内容。充分发挥村企合作的作用，普及茶树花知识，推广茶艺活动，积极宣传茶树花的保健作用、休闲功能，能够营造人人爱茶树花、人人饮茶树花的良好氛围。通过发展茶树花产业，有助于探索出“茶产业园+旅游+扶贫”的模式，真正实现以“茶树花”为媒介的产业资源转化成旅游资源，进而转化成“扶贫富农”“精准扶贫拔穷根”的新动力。

（三）茶树花产业是推动农业可持续发展的重要力量

促进茶树花产业的发展，将产生较高的社会效益和生态效益，有利于促进全国茶区的精神文明和物质文明建设，推动我国农业可持续发展。茶树花产业综合开发有助于振兴民族产业，符合我国新时期“农业、环保、高科技”的发展方向，符合新时期大力发展循环经济的要求。就现状而言，我国的茶树花产业发展总体上要积极争取来自各级政府的政策和资金支持，实施政府推动战略。政府推动和市场拉动都是促进茶树花产业发展的重要力量。

（四）茶树花资源开发是提高我国茶产业国际竞争力的抓手

目前，我国在茶树花深加工方面与发达国家还有一定的差距。我国虽是茶叶种植大国，但茶叶深加工呈散、小、弱的格局。国际上，茶叶深加工产品基本上由欧洲、美国和日本的八大跨国集团垄断。我国茶叶公司林立，但有品牌上规模的公司没有几家，无法与瑞士雀巢、美国利普敦、英国联合利华、日本三井农林等国外大公司相抗衡，而这些公司无不是以科技为核心，深加工为主体，控制茶业生产，占领行业主导地位。茶树花产业化开发在国内外尚属空白，是一个新兴的创新型产业，我国具有资源、技术、文化等独特优势，完全有条件打造具有国际竞争力的文化与健康复合型国际品牌，构建创新产业发展的行销带动体系，促进产业快速健康发展。因此，未来在茶树花深加工方面，我国还将拥有潜力巨大的市场。开发茶树花产品，开发茶族新品种，不断加大精加工、深加工比例，提高综合利用水平，这不仅是茶产业今后主要增长方式和发展方向，更是保持和提高我国茶叶产业国际竞争力的迫切需要。

总之，茶树花有着现实的市场需求和广阔的市场前景，可产生良好的经济效益、社会效益和生态效益，有利于茶区经济发展。开发茶树花资源是茶农脱贫致富的重要媒介，是解决中低档茶出路、提高茶业附加值的重要手段，同时还是传统茶叶产业向食品、医药、日化行业延伸的必由之路，是提高我国茶产业国际竞争力的重要抓手。对于茶树花这一宝贵资源，今后需注重在保护中开发、在开发中保护，使之成为推动茶产业发展的重要引擎，成为农业现代化快速发展的重要组成部分，并且能够在全面建成小康社会的路上作出更加卓越的贡献。

四、茶树花资源开发利用的现状

（一）茶树花相关专利统计

截至 2016 年 12 月，在中国知识产权网上登记的有关茶树花的专利共 135 项，其中大多数专利涉及的是茶树花的成分提取，保健食品研发，利用茶树花生产茶、酒及饮料的技术与设备（表 1–1）。将茶树花作为配料掺入香烟的制作方法，也有 5 项专利的申报。可见，茶树花的开发已经有了一定的技术积累与储备。

表 1–1 茶树花相关专利统计

专利内容	数目（项）	专利内容	数目（项）
茶树花茶及茶树花饮料	78	茶树花提取物的应用	18
茶树花酒	10	其他	18
营养保健食品	11	总计	135

数据来源：中国知识产权网，2016 年 12 月。

（二）典型茶树花产品的开发现状

1. 制备茶树花茶

茶树花可以直接采摘制成茶树花茶。凌彩金等对茶树花制茶工艺进行了研究，共设置了 3 个变量——不同茶树花品种、鲜花不同部位、不同加工方式，对所得茶树花茶进行了品质评定及内含物含量测定。结果表明，茶树的鲜花都可制茶树花茶，茶树花茶的品质会因茶树的品种、部位的不同而有差异；同时研究人员开发了一条茶树花茶的工艺路线：采摘→自然萎凋→蒸汽蒸花→脱水烘干→包装，采用这一工艺制作的茶树花茶品质较好。

茶树花还可以与茶幼果、茶鲜叶以不同的配比制成红碎茶。伍锡岳等对红碎茶工艺技术进行了系统的研究与中试实验，结果证明：茶树花果的主要生化成分均与茶树鲜叶相似，在制成红碎茶过程中，也具有与鲜叶相似的物化变化和品质，制成的红碎茶品质完全符合出口标准，经济效益很高。梁名志等探索了连窨窨制红茶的工艺路线，因茶树花花粉含量高，适合窨制红茶，制得的成品花蜜香浓爽持久，能较大提高红茶的香气。此外，赵旭等研制了茶树花冰茶的制作工艺，确定了茶树花汁的最佳浸提条件和茶树花冰茶的最佳配方，制得了具有茶香气、清凉爽口、有清香味的花冰茶。邬龄盛等开发了一种茶树花菌类茶，将功能性真菌接入以茶树花为主要基质、加入其他材料组合而成的培养基中，经过人工调控培养，杀菌后加工培养基而制得。

2. 制备茶树花饮料

2007 年日本已经开发出茶树花饮料，并且被批准为保健饮品进行销售；于健研制了一款茶树花酸奶，兼具茶树花与酸奶二者的营养保健功能；史劲松研究了茶树鲜花饮料的澄清技术，采用超滤工艺对茶树花汁进行澄清和除菌，因其不经热灭菌，能够较大程度地保留茶树花中的功能性成分，制备的茶树鲜花饮料茶香气较为清爽，有着广阔的市场空间。

3. 制备茶树花酒

茶树花酒目前有两种，一种是泡制茶树花酒，另一种是酿造茶树花酒，二者生产工艺不同，得到的茶树花酒的理化成分与感官评价也有不同。将基酒、茶树花、蔗糖以一定比例进行泡制，放入温度 17~24℃ 的环境下静泡 3~4 个月后过滤得到的就是茶树花泡制酒。俞云春等简单地比较了茶树花蕾、鲜花、干花、花粉制成的不同茶树花酒的生化成分与感官效果，得出用茶树鲜花及干花制得的最优。杨清平等比较了不同品种的茶树花和不同基酒对产品品质的影响，初步确定了茶树花酒的生产工艺及具体技术参数，并得出低度白酒制得的茶树花酒品质较好。姚敏等对一种茶树花浸泡酒进行了成分分析，以及对营养与风味进行了鉴定，结果表明茶树花中有效成分（如氨基酸、功能性蛋白质、多肽、多糖等）在浸泡过程中充分地溶入了茶树花酒中，大大提高了酒的营养价值。

酿造茶树花酒是以茶树花为主要原料制成培养基，经接菌发酵、抑菌、过滤、勾兑、陈酿、降度、杀菌等工序而制成的功能性保健酒。邬龄盛等研究了茶树花酒的生产工艺流程，并对茶树花酒的主要生化成分进行了测定，所制茶树花酒呈橙色，色泽清亮无沉淀，综合了酒的醇香与茶的清香，风味独特。庞式等进一步研究了茶树花酒酿造的具体工艺参数，茶树花配比为6%、酵母繁殖旺盛时加入茶树花、冷浸提7天以上时产品品质较高，茶树花在冷浸提且酒不加热的处理条件下能有效防止产品出现浑浊现象，并证明了普洱茶对茶树花酒品质的增效作用。鄯颖霞等开发了一种新型的茶树花苹果酒，将茶树花加入苹果汁中，进行两次发酵，所制茶树花苹果酒色泽金黄，澄清透明无沉淀，茶树花香、酒香和果香三者融合在一起，口感柔和，酒体醇和。茶树花酒既有茶树花的清香、又有酒的醇香，既有茶树花的营养，又有酒的保健作用，将二者完美地融合在一起，且酒精度低，色泽透亮，口感较温和，市场潜力较大。除了直接制茶树花酒，白蕊等还尝试将茶树花添加在制曲原料中与之混合制成含有茶树花的大曲，用于固态白酒的酿造，用优化后的大曲进行酿酒试验，发现其所酿酒样香气组分含量普遍高于传统大曲，丰富了茶树花应用于酿酒的途径。

4. 精 油

前文提到了茶树花精油的提取方法，以及优化茶树花精油提取条件的各项研究。精油可在香水香薰等化妆品中得到广泛应用，顾亚萍等用β-环糊精将茶树花精油制成粉末状的茶树花香精，使其在气味上减少刺激性，且可以达到缓释和保护作用。除此之外，茶树花精油也可应用在食品领域，白晓莉等初步探索了茶树花精油在卷烟中的应用，在卷烟中加入一定量的茶树花精油可提升卷烟的香气量、香气质和改善余味等感官质量指标，还考察了在特定温度条件下茶树花精油微胶囊在烟草中的释放动力学。

5. 茶树花粉

茶树花粉具有高蛋白、低脂肪的特点，氨基酸含量居各种花粉首位，必需氨基酸配比均接近或超出FAO/WHO（联合国粮食及农业组织/世界卫生组织）颁发的标准模式值，烟酸及锰、锌、铬等微量元素含量也较高，营养丰富，是不可多得的天然保健品。此外还有研究证明茶树花粉特有的茶多酚、茶多糖、SOD等活性成分对人体有解毒、抑菌、降糖、延缓衰老、防癌抗癌和增强免疫力等功效，并且是防治动脉硬化和肿瘤的首选花粉。目前国内外市场上也出现了一些开发的茶树花粉产品，如花粉蜜、蜂宝素、花粉胶囊等。另有研究表明，茶树花粉还有着监测环境污染、鉴定有机肥腐熟程度的功能。

茶树花的价值有待于进一步发掘和深入，以制造出更加有价值、有市场、有效果、易接受的茶树花产品，让这种平日里难以寻觅的“宝藏”产品，真正成为生活中日常食品的原料，使长期未被有效利用的茶树花资源通过多种方式服务于大众生活，提高中国百姓日常膳食的营养水平和保健水平，使祖国大地上的茶树花资源发挥更大、更有意义的作用。

主要参考文献

陈蕾，2006. 身价百亿茶树花［J］. 中国投资（2）：105-107.

游慕贤，2001. 谈谈华东山茶花及其品种［J］. 花木盆景：花卉园艺（3）：6-7.

张艳芳，屈爱桃，2012. 山茶花的研究进展［J］. 中国民族医药杂志，18（10）：41-44.

中国科学院中国植物志编辑委员会，1989. 中国植物志［M］. 第49（3）卷. 北京：科学出版社.

第二章　茶树花的生产

一、茶树花的性状特点及其多样性

（一）茶树花的性状

茶树花是由腋芽在入夏以后分化发育而成的，是茶树的生殖器官，两性假总状花序。茶树花属完全花，两性，主要依靠昆虫传播花粉。茶树花着生于新梢叶腋间，花轴短，每一朵花轴上可着生 1~5 朵茶树花，方式有对生、丛生及单生，由花柄、花萼、花冠、雄蕊和雌蕊 5 部分组成，不同品种的花器形态有差别。茶树花的大小不一，直径大的 5~5.5cm，小的 2~2.5cm。

（二）茶树花器的形态特征（彩图 2）

茶树花柄：因品种而异，长 5~19mm，基部有 2~3 朵鲜花鳞片，花蕾成熟后脱落可留下痕迹。

茶树花萼：由 5~7 个萼片组成，萼片近圆形、绿色，起保护作用。茶树花受精后萼片向内闭合，直至果实成熟也不脱落。

茶树花冠：因品种不同直径为 25~50mm，由 5~9 个大小不一的花瓣组成，多为白色，少数呈粉红色或黄色，圆形或卵圆形。花冠上部分离，下部联合并与雄蕊合生，花谢时与雄蕊一道脱落。基部有腺体，可以分泌蜜汁和香气，其色泽、芳香以及蜜腺分泌的蜜汁可以招引昆虫传粉，为有性繁殖创造条件。

茶树花蕊：雄蕊数量较多，每朵花 200~300 枚，每个雄蕊由花丝花药组成合生，花丝排列若干圈。花药呈“T”形，有 4 个花粉囊，内含无数花粉粒。花粉粒为雄蕊花粉囊内的粉状体。茶树花粉粒是直径为 30~50μm 的圆形单核细胞。雌蕊位于雄蕊中央，由 3~5 分个心皮所形成的变态叶，分子房、花柱、柱头 3 部分。子房外多密生茸毛，内分 3~5 室，每室 4 个胚珠，系中轴胎座。花柱长 3~17mm。柱头尖滑，3~5 列，茶树花开时能分泌黏液。

茶树花器的形态特征是开展茶树品种资源分类，以及研究茶树遗传与育种等的重要依据，对茶树花器形态的遗传变异有一定的研究，郭元超得到的各项观测结果如下。

①花柄：花柄的长短、粗细虽有一定的变异，但变异性很小，一般较稳定，其长度总变幅为 0.2~2.0cm，多数为 0.5~1.0cm，粗度通常 0.1~0.2cm。

②花萼：花萼数几乎处于绝对稳定状态，绝大多数 5 枚，少者 4 枚，多者 6~7 枚，其大小、形状与色泽，亦很稳定，暗绿盾圆者居多，青绿尖盾状者少。萼缘多为膜质状或具睫毛，萼背多数无毛。

③柱头分裂数：多数 3 裂，少数 4 裂或 5~6 裂，个别 2 裂，平均变幅 2.3~3.9 裂，总平均为（2.89±0.22）裂。平均裂数在 2.51~3.50 裂的品种有 346 个，占调查总数（353 个）的 98%，总变异系数 7.74%。

④花冠直径与花瓣数：这两种性状的变异虽较萼片与柱头分裂数大，但遗传性还较稳定。在 653 个品种群中，花冠直径总变幅为 1.7~8.0cm，各品种平均变幅虽为 2.01~8.00cm，但其活动中心多集中于 3.51~4.50cm（占 68.14%）。以 353 个品种统计结果，花冠直径的总平均为（4.14±0.51）cm，总变异系数为 12.32%，平均极差倍数比为 1：35。

花瓣数总变幅为 5~12 片，平均变幅虽为 5.1~9.7 片，但活动中心多在 6.01~7.50 片，中心点为 6.51~7.00 片，总平均（6.82±0.72）片，总变异系数为 10.57%。平均 6~8 片的品种有 315 个，占 89.24%。

⑤花丝数和花柱长：这两种性状变化稍大，前者变异系数为 20.77%，后者达 17.06%。在 353 个品种群中，花丝数的总变幅为 52~509 条，高低极差比为 1：6，总平均（248.80±51.70）条，中心活动区在 201~300 条，共有 248 个，占总数的 70.08%；301~400 条的品种有 48 个，占 13.68%；151~200 条的品种共 56 个，占 15.96%。

花柱长总变幅为 0.1~2.5cm，平均变幅 0.3~2.0cm，极差比 1：7，总平均（1.31±0.22）cm，活动中心区在 1.01~1.60cm，共有 317 个品种，占总数的 89.78%，中心点在 1.21~1.40cm。

⑥花柱分裂长：在 319 个品种中，总变幅为 0~1.6cm，平均变幅 0.2~1.3cm，平均极差比亦为 1：7，总平均（0.49±0.18）cm，总的变

异系数36.18%。平均分裂长在0.41~0.80cm间的品种共200个，占总数的62.70%。

⑦雌蕊、雄蕊高差值：这是由雄蕊、雌蕊两种高、长相互变化与配置而产生的结构性状，比较复杂。根据289个品种的测定值，高差总变幅为-1.10~0.90cm，平均变幅为-0.7~0.60cm，总平均为-0.001（野生种群）~0.167cm（江南、东南栽培种群），主要活动集中区在-0.10~0.10cm，也就是平柱型的品种占绝大多数。

以上茶树种群花部主要性状分析数据详见表2-1。

表2-1 茶树种群花部主要性状分析

性状	平均值（$\bar{X}$）	标准差（±S）	变异系数（CV）	变幅及高低限比数			
				总变幅	低限：高限	平均变幅	低限：高限
花冠直径（cm）	4.14	±0.51	12.32	1.7~8.0	1：4.7	2.0~7.3	1：3.5
花瓣数目（片）	6.82	±0.72	10.52	5~12	1：2.4	5.1~9.7	1：1.9
花丝数目（条）	248.80	±51.70	20.77	52~509	1：9.8	75.4~449.0	1：6
花柱分裂数（裂）	2.89	±0.22	7.74	2~6	1：3	2.5~3.9	1：1.6
花柱长（cm）	1.31	±0.22	17.06	0.1~2.5	1：25	0.3~2.0	1：7
花柱分裂长（cm）	0.49	±0.18	36.18	0.1~1.6	1：16	0.2~1.3	1：7

数据来源：郭元超，1990年。

基于上述分析，郭元超提出的茶树花主要项目分类标准见表2-2。

表2-2 茶树花主要项目分类标准

花部	项目名称	分类序号	形态名称	标准说明	典型品种或类型
花柄	花柄长	1	长柄	柄长在1.0cm以上	紫阳（180-1）
			短柄	柄长约在0.5cm	黄山苦茶
	花柄毛	2	有毛	柄上密被茸毛	乐昌白毛茶
			无毛	柄上秃净无毛	台湾大叶
花萼	萼形	3	圆盾状	盾形，但前沿呈圆弧状	腾冲大叶
			尖盾状	盾形，但前沿呈尖锐状	凌乐白毛茶
	萼背绒毛	4	有毛	萼背有毛	乐昌白毛茶
			无毛	萼背无毛	南川大叶

（续表）

花部	项目名称	分类序号	形态名称	标准说明	典型品种或类型
花冠	冠径	5	特大花	花冠直径在6cm以上	万家大茶树
			大花	花冠直径在4~6cm	毛蟹、福安大白茶
			中型花	花冠直径在3~4cm（平均3.5cm左右）	黄金桂、奇曲福鼎大白茶
			小花	花冠直径小于3cm（平均2.5cm左右）	圆叶种、大红袍、中叶黄
	花型	6	梅花型	5片现冠花瓣均整排，状如梅花	春潮、英红1号、凌乐白毛
			蝶形花	由3片椭圆形或舌状心瓣与2片外瓣对称排列	南山白毛、肉桂
			圆形花	由5~6片阔瓢状现冠花瓣匀称排成圆形	山舞、水仙、金桔
			畸形花	由大小形状不一的花瓣构成	筲绮、英红6号
雄蕊	花丝数目	7	多	花丝总数300~400枚或更多	佛手、筲绮
			中等	花丝总数在200~300枚	云南大叶种、重庆枇杷茶
			少	花丝总数在200枚以下	凌乐白毛、龙井43
雌蕊	花柱长度	8	长柱	平均柱长超过2cm	万家野生大茶树
			中长柱	平均柱长1~2cm	凤庆、江华苦茶
			短柱	平均柱长在1cm以下（平均0.5cm±）	短柱茶、春潮-3
	雌雄高差类型	9	低柱型	♀·♂高差<-0.10cm	朝阳、短柱茶、薮北-2
			平柱型	♀·♂高差=-0.10~0.10cm	水仙、政和大白茶、黄山苦茶
			高柱型	♀·♂高差>0.10cm	铁观音、福鼎大毫茶、梅占
	花柱分离度	10	深离或全离	分离度达80%~100%	凤庆、薮北-4
			中离	中离（40%~60%） 中深离（60%~80%） 中浅离（20%~40%）	早蓬春
			浅离	分离度达0~20%	英红1号
	花柱分裂形状	11	直立等分	花柱中上部多等分直立状	大叶乌龙
			斜分或偏斜	花柱中上部多为斜分状或偏斜状	肉桂
			曲尺状	花柱中部多呈尺状分裂	镇康大叶、牡丹、英红6号
	柱头分裂数	12	3裂	中上部分呈3裂	福云6号、福云7号、福云10号
			4裂或5裂	中上部分呈4裂或5裂	英红6号、山舞
	子房被毛	13	有毛	子房有毛	福云6号
			无毛	子房无毛	牡丹、梅占

数据来源：郭元超，1990年。

（三）不同地区、不同品种茶树花性状的多样性

1. 不同地区茶树花性状的多样性

（1）中国和日本茶树花性状的对比

叶乃兴在10月下旬至11月下旬茶树盛花期，采集了22个中国茶树品种及32个日本茶树品种的初开茶树花，根据茶树种质资源形状描述规范，对中国和日本茶树栽培品种的花冠直径、花瓣数、花丝数、百花重和含水量进行了调查，调查结果如表2-3至表2-5所示。统计结果表明中国栽培品种的花冠直径为（3.9±0.7）cm（变幅为2.9~5.3cm）、花瓣数为（6.3±0.6）个（变幅为5.1~7.9个）、花丝数为（228.9±43.2）个（变幅为163.1~333.5个）、百花重为（89.9±45.3）g（变幅为48.3~217.0g），含水率为（83.3±1.5）%（变幅为80.4%~86.5%）。日本栽培品种的花冠直径为（3.9±0.4）cm（变幅为3.3~4.7cm）、花瓣数为（7.1±0.8）个（变幅为5.9~8.6个）、花丝数为（253.5±33.0）个（变幅为191.7~355.8个）。茶树的花冠直径、花丝数、百花重品种内变异小，品种间变异大。百花重的变异系数（CV）明显大于其他形状，如福建水仙的百花重是铁观音的4.5倍。

表2-3 中国茶树栽培品种花器性状的调查结果

品种	花冠直径		花瓣数		花丝数		百花重		含水率（%）
	$\bar{X}\pm S$（cm）	CV（%）	$\bar{X}\pm S$（个）	CV（%）	$\bar{X}\pm S$（个）	CV（%）	$\bar{X}\pm S$（g）	CV（%）	
福建水仙	5.1±0.3	5.0	6.6±1.0	14.6	227.8±35.9	15.8	217.0±12.8	5.9	83.1
毛蟹	4.1±0.2	4.1	5.7±0.7	11.8	282.8±30.7	10.8	110.0±12.8	11.7	81.3
梅占	4.2±0.2	4.3	5.9±0.3	5.4	270.1±7.5	2.8	114.5±4.3	3.8	84.6
金萱	3.8±0.4	11.4	5.8±0.4	7.3	187.0±29.5	15.8	66.3±2.2	3.3	84.8
九龙袍	4.5±0.2	4.8	6.4±0.5	8.1	283.5±11.0	3.9	108.8±1.5	1.4	84.1
早春毫	3.6±0.2	6.9	5.7±0.5	8.5	178.3±21.7	12.2	67.1±3.0	4.4	81.1
朝阳	5.3±0.2	3.8	7.9±0.9	11.1	245.4±11.7	4.8	155.3±2.3	1.5	80.4
丹桂	4.0±0.2	6.0	7.0±0.5	6.7	190.4±25.3	13.3	65.0±4.7	7.2	84.2
乐昌白毛茶	5.3±0.4	7.0	6.3±0.5	7.7	224.9±26.9	11.9	194.2±12.7	6.6	86.5
南山白毛尖	3.3±0.2	7.0	7.0±0.7	9.5	165.8±13.5	8.1	65.2±1.0	1.5	84.3
福云6号	3.9±0.2	5.1	6.1±0.3	5.2	163.1±7.4	4.6	76.6±6.8	8.9	83.9
金钱	4.2±0.3	5.9	6.4±0.8	13.2	210.4±12.8	6.1	78.4±4.7	6.0	85.5

（续表）

品种	花冠直径		花瓣数		花丝数		百花重		含水率（%）
	$\bar{X}\pm S$（cm）	CV（%）	$\bar{X}\pm S$（个）	CV（%）	$\bar{X}\pm S$（个）	CV（%）	$\bar{X}\pm S$（g）	CV（%）	
佛手F_1	4.4±0.3	6.5	6.2±0.6	10.2	333.5±32.8	9.8	95.8±3.6	3.7	82.7
悦茗香	3.8±0.2	6.1	6.2±0.6	10.2	264.3±15.6	5.9	72.6±3.1	4.2	82.4
铁观音	3.1±0.1	4.0	6.4±0.7	10.9	229.1±23.6	10.3	48.3±1.3	2.7	84.3
黄旦	2.9±0.2	6.6	5.7±0.7	11.8	231.4±24.1	10.4	55.2±2.3	4.2	82.4
黄观音	3.6±0.3	7.0	7.2±0.4	5.9	270.1±7.5	2.8	57.1±2.8	4.9	82.5
金观音	3.5±0.3	8.8	6.8±1.1	16.7	233.7±15.0	6.4	70.6±1.3	1.8	83.0
金牡丹	3.0±0.1	7.4	6.6±0.5	7.8	217.4±24.3	11.2	51.0±3.8	7.4	81.8
新选205	3.0±0.1	4.7	6.4±0.7	10.9	240.8±35.2	14.6	59.1±1.8	3.0	83.0
白牡丹	3.4±0.2	5.9	5.8±0.4	7.3	184.6±13.3	7.2	62.6±1.3	2.0	—
迎春	3.7±0.2	4.6	5.1±0.3	6.2	202.0±11.7	5.8	85.1±1.5	1.7	—

数据来源：叶乃兴等，2005年。

表 2-4　日本茶树栽培品种花器性状的调查结果

品种	花冠直径		花瓣数		花丝数	
	$\bar{X}\pm S$（cm）	CV（%）	$\bar{X}\pm S$（个）	CV（%）	$\bar{X}\pm S$（个）	CV（%）
晚武藏	3.8±0.4	10.4	6.8±0.9	13.5	241.3±20.7	8.6
大和绿	3.4±0.2	6.9	6.3±0.7	10.7	239.7±19.9	8.3
丰香	3.8±0.3	7.5	7.8±0.6	8.1	236.5±12.8	5.4
芳绿	3.5±0.3	7.9	6.2±0.4	6.8	282.7±11.7	4.1
山海	3.5±0.2	6.5	8.3±1.8	22.0	257.0±26.7	10.4
山波	4.3±0.2	5.8	7.3±0.7	9.2	246.3±22.5	9.1
后光	3.6±0.2	6.0	6.3±0.5	7.7	228.3±10.3	4.5
姬绿	3.6±0.1	3.8	6.9±0.9	12.7	211.1±23.1	11.0
朝雾	4.4±0.4	9.0	7.1±0.7	10.4	246.8±26.1	10.6
浅绿	3.3±0.2	4.6	7.0±0.7	9.5	231.3±25.4	11.0
驹影	3.5±0.1	4.1	6.4±0.7	10.9	256.2±19.2	7.5
狭山绿	4.1±0.2	5.9	6.8±0.8	11.6	278.7±15.4	5.5

（续表）

品种	花冠直径		花瓣数		花丝数	
	$\bar{X}\pm S$（cm）	CV（%）	$\bar{X}\pm S$（个）	CV（%）	$\bar{X}\pm S$（个）	CV（%）
和泉	4.1±0.2	5.9	6.2±0.4	6.8	228.4±8.8	3.8
晚绿	3.9±0.3	8.9	8.6±0.8	9.8	271.6±16.8	6.2
玉绿	3.7±0.2	5.8	5.9±0.6	9.6	211.5±18.4	8.7
金谷绿	4.3±0.3	6.7	6.5±0.5	8.1	256.6±15.5	6.1
晚丰	3.6±0.2	5.5	8.4±1.2	14.0	250.2±18.1	7.2
薮北	4.0±0.3	8.2	6.8±0.6	9.3	239.6±26.1	10.9
茗绿	3.8±0.3	8.5	7.4±0.5	7.0	251.8±8.6	3.4
高千穗	3.4±0.2	4.7	7.1±0.7	10.4	278.7±27.5	9.9
大井早生	3.6±0.3	8.5	7.1±0.6	8.0	191.7±18.8	9.8
狭山香	4.3±0.3	6.8	6.4±0.5	8.1	250.8±15.6	6.2
朝露	4.6±0.4	8.6	7.4±0.7	9.4	256.2±19.3	7.5
六郎	4.4±0.4	9.6	7.3±0.7	9.2	241.1±13.6	5.6
小西屋	4.4±0.3	6.7	8.1±0.9	10.8	277.2±13.5	4.9
丰绿	4.1±0.3	7.7	8.2±0.9	11.2	355.8±15.7	4.4
八重穗	3.4±0.3	8.8	6.0±0.7	11.1	241.4±17.2	7.1
初绿	3.8±0.3	7.5	6.8±0.6	9.3	269.0±22.7	8.4
骏河早生	3.8±0.4	9.7	6.0±0.0	0.0	254.4±12.5	4.9
牧之原早生	4.3±0.3	6.6	7.7±0.5	6.3	333.9±21.1	6.3
栗田早生	3.4±0.2	6.7	8.0±0.7	8.3	209.8±5.6	2.7
仓泽	4.7±0.3	7.1	7.0±0.7	9.5	285.6±18.7	6.5

数据来源：叶乃兴等，2005年。

表 2–5　茶树栽培品种花器性状的多样性

种群	花冠直径		花瓣数		花丝数		百花重		含水率（%）
	$\bar{X}\pm S$（cm）	CV（%）	$\bar{X}\pm S$（个）	CV（%）	$\bar{X}\pm S$（个）	CV（%）	$\bar{X}\pm S$（g）	CV（%）	
中国栽培品种	3.9±0.7	18.1	6.3±0.6	9.8	228.9±43.2	18.9	89.9±45.3	50.3	83.3±1.5
日本栽培品种	3.9±0.4	10.3	7.1±0.8	10.8	253.5±33.0	13.0	—	—	—

数据来源：叶乃兴等，2005年。

（2）对贵州省茶树花性状的调查

黄燕芬等对贵阳市乌当、小河、白云等茶叶主茶区的湄潭苔茶、福鼎大白茶和黔湄601共3个茶叶主栽品种的茶树花生物学特性进行了调查，结果发现，不同品种茶树花的主要性状各有一定差异（表2-6）。3种茶树花的花冠直径为3~5.5cm，平均为3.75cm，其中，以福鼎大白茶的花冠最大，直径为4~6cm，属于大花型茶树，湄潭苔茶和黔湄601的花冠直径介于3~4cm，属于中小型花茶树类型，尤其以黔湄601最小。3种茶树花的花柄长短、粗细差别不明显。湄潭苔茶和黔湄601的花蕾数相同，均为2~5个，福鼎大白茶的花蕾数为2~4个。3种茶树花花萼数相同，平均5枚，其大小形状与色泽，亦很稳定；柱头分裂数总平均为3裂。福鼎大白茶花蕊数平均为225枚，属于花蕊较多的茶树类型；湄潭苔茶的花蕊数平均为185枚，稍多于黔湄601（平均为165枚），二者均属花蕊数较少的茶树类型。福鼎大白茶的花瓣数较多，平均6片或10片；黔湄601的花瓣数平均为5片；湄潭苔茶的花瓣数较少，平均为4片或6片。

（3）对广西壮族自治区茶树花性状的调查

黄亚辉等人对广西①金秀瑶族自治县的野生茶树花资源进行了考察，收集资源47份，结果表明，金秀野生茶树的花有着生叶腋、近顶生或顶生3种类型，其中以着生于顶端或近顶端较多。六巷茶树的花单生或2朵簇生，杨柳屯、六段、东温茶树的花单生或3朵以下簇生，共和茶树花的簇生现象最明显，在圣堂山没有收集到带花果的枝条。茶树花梗上的小苞片均落，只留下细微痕迹，萼片宿存，均为绿色，有茸毛，萼片数目大多为5片，仅少数茶树萼片有4片或6片，花均具梗。在金秀主要考察地区茶树中，东温茶树花梗较短，为0.18cm，六巷茶树花梗较长，为0.44cm，但均不及云南大叶种的0.70cm。花瓣多为白色，只有杨柳屯、少数六巷茶树花瓣微绿。花瓣数目以共和茶树花最少，为6片，六巷、白牛茶树花瓣较多，数目变化也较大，其中六巷7号花瓣有9~11片之多。花冠直径以六巷茶树最大，为2.36cm，共和茶树花最小（1.6cm）。花柱开裂数多为3裂，但白牛5号花柱有3种类型：第一种是退化型，花柱退化为长0.1~0.3cm的突起，顶端不分裂；第二种花柱长约0.7cm，顶端不分裂，雌蕊低于雄蕊；第三种花柱长约0.9cm，顶端2裂，裂位浅，雌蕊低于或等高于雄蕊。共和茶树花柱裂位深，六段、杨柳屯茶树，以及多数六巷、少数白牛茶树花柱裂位浅。而多数六巷和白牛茶树雌蕊高于雄蕊，杨柳屯茶树雌雄蕊等高，共和、六段

① 广西壮族自治区，全书简称广西。

表 2-6 贵阳地区主栽茶树品种茶树花的主要性状调查结果

品种	样本序号	每腋花蕾数（个）	花柄长度（cm）	花瓣颜色	花瓣数量（枚）	花萼鳞数（枚）	花冠直径（cm）	花蕊数目（枚）	雄蕊长度（cm）	雌雄位比	柱头分裂数（裂）	花柱长度（cm）	子房有无鞭毛
湄潭苔茶	1	2~5	0.9	白	4	5	3.0~3.6	200	1.1~1.4	上位	3	1.2	有
	2	2~5	0.9	白	4	5	4.0~4.1	180	1.1~1.4	上位	3	1.5	有
	3	2~5	0.7	白	6	5	3.8~4.0	180	1.0~1.2	上位	3	1.3	有
	4	2~5	0.7	白	6	5	3.5~3.6	160	1.1~1.4	上位	3	1	有
	5	2~5	1	白	4	5	3.8~4.5	200	0.8~1.4	上位	3	1.3	有
	平均	2~5	0.8	白	5	5	3.6~4.0	185	1.0~1.4	上位	3	1.3	有
福鼎大白茶	1	2~4	0.7	白	8	5	4.2~4.5	240	0.5~1.2	上位	3	1.5	有
	2	2~4	0.9	白	10	5	5.4~5.5	210	0.6~1.0	上位	3	1.7	有
	3	2~4	0.9	白	8	5	5.3~5.4	250	0.8~1.4	上位	3	1.5	有
	4	2~4	1.2	白	6	5	3.5~4.0	200	1.2~1.4	上位	3	1.5	有
	平均	2~4	0.9	白	8	5	4.6~4.9	225	0.78~1.3	上位	3	1.6	有
黔湄 601	1	2~5	0.6	白	6	5	3.8~4.1	160	0.8~1.2	上位	3	1.2	有
	2	2~5	0.9	白	6	5	3.5~3.8	160	0.8~1.2	上位	3	1.2	有
	3	2~5	0.7	白	7	5	4.6~4.8	170	0.8~1.2	上位	3	1.4	有
	4	2~5	0.8	白	6	5	4.5~4.6	170	0.8~1.2	上位	3	1.5	有
	平均	2~5	0.8	白	6	5	4.1~4.3	165	0.8~1.2	上位	3	1.3	有

数据来源：黄燕芬等，2015 年。

茶树雌蕊低于或等高于雄蕊。子房均被茸毛。

在另一份对广西桂林优质茶树花品种的调查中，谭少波等对六堡群体种、金萱、福云6号、八仙茶、南山白毛茶、西山茶、云南大叶种、凌云白毫这8个品种进行了性状调查，不同的品种茶树花的主要性状各有一定差异（表2-7）。花冠直径为3.3~4.2cm，平均为3.75cm，最大的是金萱和云南大叶种，最小为凌云白毫。百花重为30.4~64.2g，平均为47.3g，最高是最低的2.1倍，最高的是八仙茶，最低的是凌云白毫。含水率为66%~81%，平均为76%，最高是最低的1.2倍，最高的是西山茶为81%，最低的是凌云白毫为66%。

表2-7　广西优质茶树花的主要性状调查结果

品种	花冠直径（cm）	花瓣（个）	花萼（个）	百花重（g）	含水率（%）
六堡群体种	4.0	6~7	5~7	45.8	79
金萱	4.2	6	5	55.4	79
福云6号	3.6	6	5	45.0	74
八仙茶	3.9	6~7	5	64.2	75
南山白毛茶	3.6	6	5	43.0	74
西山茶	3.9	6	5	51.0	81
云南大叶种	4.2	6~7	5~6	57.8	78
凌云白毫	3.3	6	5	30.4	66

数据来源：谭少波等，2013年。

2. 不同茶树花品种

（1）铁观音

钟秋生等以上杭观音、赤叶观音、白奇观音、白样观音、铁观音5个观音类茶树种质为供试材料，对其萼片数、花瓣数、花冠直径、柱头开裂数、花柱开裂长、花柱长等10个性状进行了调查，调查结果见表2-8。经计算，观音类种质的萼片数、花瓣数、柱头开裂数平均变异系数较小，分别为3.79%、1.68%、1.80%；而花冠直径、花柱开裂长、花柱长、内轮花丝数、外轮花丝数等性状的变异较大，差异明显，平均变异系数分别为21.78%、33.60%、22.90%、10.53%、19.98%。可见各观音类种质花器性状各表型特征存在差异，多样性丰富。观音类种质中，各种质的萼片数数值一般为5片，柱头分裂数一般都是3裂；各种质花冠直径之间变异幅度较大，花冠直径最小的是上杭观音，平均值为2.32cm，最大的是白奇观音，平均值为4.30cm；花柱分裂长数值最小为赤叶观音，平均值为0.28cm，数值最大为白奇观音，平均值为0.69cm，而上杭观音与铁观音相近；5个观音类种质花柱长最短的是上杭观音，平均值0.90cm，最长的是白样观音，平均值1.64cm；5个观音类种质内轮花丝数最少的为赤叶观音，平均为15.3根，最多的为铁观音，平均为18.8根；5个种质外轮花丝数之间变化较大，白奇观音最多，平均272.7根，铁观音最低，平均160.7根。

表2-8 观音类种质茶树花的主要性状调查结果

品种	萼片数（枚）	花瓣数（枚）	柱头分裂数（裂）	花冠直径（cm）	花柱分裂长（cm）	花柱长（cm）	内轮花丝数（根）	外轮花丝数（根）
上杭观音	5.4±0.5	6.5±0.7	3.0±0.0	2.32±0.11	0.42±0.08	0.90±0.16	17.7±2.0	187.3±19.0
赤叶观音	5.0±0.0	6.5±0.5	3.0±0.0	3.56±0.36	0.28±0.08	1.16±0.16	15.3±1.8	213.0±31.0
白奇观音	5.0±0.0	6.4±0.5	3.0±0.0	4.30±0.40	0.69±0.12	1.55±0.12	17.9±1.1	272.7±12.2
白样观音	5.0±0.0	6.5±0.5	3.1±0.3	4.18±0.46	0.62±0.09	1.64±0.08	17.6±1.6	228.8±16.6
铁观音	5.4±0.52	6.7±1.1	3.1±0.6	3.80±0.40	0.44±0.18	1.28±0.13	18.8±3.7	160.7±33.5

数据来源：钟秋生等，2012年。

（2）乌龙茶

陈常颂等人以18个乌龙茶品种为材料对其花器的主要形态形状进行了调查，表明茶树花性状品种内表现稳定，品种间变异幅度大，多样性丰富（表2-9）。18个参试乌龙茶品种（系）萼片数差异性较小，一般为5片；花瓣数大体较一致，极个别差异性较大，如春兰；花柱长品种间差异明显；花柱分裂长呈不规律变化，品种间差异性较大；内轮花丝数一般在15~25根，外轮花丝数呈不规律变化；品种间花冠直径差异性较大，18个参试乌龙茶品种中17个品种的柱头分裂数为3裂，春兰常出现4裂现象，出现概率为70%。参试乌龙茶品种大多属于高柱型，少数品种为平柱型，极个别为低柱型。参试乌龙茶品种中16个品种子房有茸毛，只有梅占和凤凰黄枝香单丛子房无茸毛现象，出现概率都为80%。

表2-9 乌龙茶参试品种茶树花的主要性状调查结果

项目	萼片数（片）	花瓣数（枚）	花柱长（cm）	柱头分裂数（裂）	花冠直径（cm）	内轮花丝数（根）	花柱分裂长（cm）	外轮花丝数（根）
变幅	4.90~5.50	5.80~10.40	0.96~1.78	2.80~3.70	2.48~5.21	12.70~25.40	0.27~1.04	149.90~355.30

（续表）

项目	萼片数（片）	花瓣数（枚）	花柱长（cm）	柱头分裂数（裂）	花冠直径（cm）	内轮花丝数（根）	花柱分裂长（cm）	外轮花丝数（根）
平均值	5.08	6.83	1.39	3.01	3.90	18.73	0.59	237.42
标准差	0.17	0.25	0.06	0.20	0.84	3.07	0.21	63.93
CV（%）	0.03	0.04	0.04	0.07	0.21	0.16	0.36	0.27

数据来源：陈常颂等，2008 年。

（3）广西白牛茶

白牛茶树花以着生于顶端或近顶端较多，白牛茶树花梗上的小苞片均脱落，只留下细微痕迹，萼片宿存，均为绿色，有茸毛，萼片数目大多为 5 片，仅少数茶树萼片有 4 片或 6 片，花均具梗。花瓣较多，花柱分裂数多为 3 裂，但白牛 5 号花柱有 3 种类型：第一种是退化型，花柱退化为长 0.1～0.3cm 的突起，顶端不分裂；第二种花柱长约 0.7cm，顶端不分裂，雌蕊低于雄蕊；第三种花柱长约 0.9cm，顶端 2 裂，裂位浅，雌蕊低于或等高于雄蕊。此花柱形态十分独特。少数白牛茶树花柱裂位浅，多数雌蕊高于雄蕊，子房均被茸毛。白牛茶树花的主要特征见表 2-10。

表 2-10 白牛茶树花的主要性状调查结果

资源	花梗长（cm）	萼片			花冠直径（cm）	花瓣			花柱			雌雄蕊高比	子房茸毛
		数目（片）	色泽	茸毛		质地	数目（片）	色泽	长度（cm）	分裂数（裂）	裂位		
白牛 1 号	0.1	5	绿色	有	2.0	薄	6	白色	0.8	3	中	高	有
白牛 2 号	0.1~0.2	5	绿色	有	1.8	薄	7	白色	0.8	3	浅	低	有
白牛 3 号	0.3~0.4	5	绿色	有	1.7	薄	8	白色	1.0	3	中	高	有
白牛 4 号	0.2	5	绿色	有	1.5	薄	6	白色	1.0	3	深	极高	有
白牛 5 号	0.1~0.4	5	绿色	有	1.9	薄	7~9	白色	0.6	0 或 2	浅	低	有
白牛 6 号	0.1~0.2	5	绿色	有	1.5	薄	7	微绿色	1.0	3	中	等高	有

资料来源：黄亚辉等，2017 年。

二、茶树的开花习性

茶树花的发育绝大多数是在当年生的枝条上，当年生的夏梢和秋梢上着生的花蕾数占总数的80%以上，而其中秋梢上着生的占总数的23%~63%，春梢上着生的占总数的6%~8%，老枝的花蕾也仅占总数的8%~17%。茶树春梢孕育的花芽，营养丰富、开花早，坐果率高；夏梢孕育的花芽，数量很多但营养不足，坐果率低；秋梢孕育的花芽绝大部分不能结实。

（一）茶树的开花周期

茶树开花经历始花期—盛花期—终花期3个阶段。茶树花芽从6月开始分化，以后各月都能不断发生，一般可以延续到11月，甚至翌年春季，越是向后推迟，开花、结实率越低。以夏季和初秋形成的花芽开花和结实率较高。第一轮新梢的花芽分化约在6月，第二轮、第三轮和第四轮新梢花芽分化期分别在7月下旬、8月下旬和10月中旬。茶树花的花苞见彩图3。

1. 全花期

茶树的开花期因种植地区、茶树品种、年份不同而有差异。不同产地茶树的全花期长短不一。日本茶树的开花期为9—11月。我国大部分茶区的茶树开花期为8月至翌年1月或2月，我国南方茶区开花期更长，可延续到第二年2—3月。在杭州茶树花期为8月中旬至12月底，全花期为120天；在福建省福安茶树花期为9月中旬至翌年2月中旬，全花期为153天；在云南省西双版纳和海南省等地，每月均有茶树花开放，但盛花期多在12月至翌年1月。

2. 露白期和盛花期

露白期为70%以上花蕾初露白色，盛花期为70%以上花蕾开放。我国江南茶区品种龙井种的花期较早，西南茶区品种云南大叶茶的花期较晚，而华南茶区品种福鼎大白茶的花期介于二者之间。大部分茶区的盛花期在10月中下旬至11月上中旬，云南省西双版纳和海南省等地的盛花期在12月至翌年1月。

3. 终花期

终花期为70%以上花朵凋谢。茶树的终花期品种间虽有差异，但受气温影响更显著。杭州1月气温较低（月平均气温3.5℃），茶树的终花期大部分在12月中旬；福建省福安1月气温较高（>8℃），茶树的终花期大部分在翌年2月上旬。

不同年份、不同茶树品种的全花期长短差异达到显著和极显著水平。茶树的始花期，品种间和年份间的差异都达到极显著水平。终花期品种间的差异达到显著水平，年份间的差异未达到显著水平。在同一地区，茶树盛花期的起讫日和盛花期日数品种间的差异都达到极显著水平，盛花期的起讫日年份间的差异达到显著水平，但盛花期日数年份间的差异未达到显著水平。

茶树花能全日开放，以上午5—9时为多。自然生长茶树的开花顺序为：短枝先开，长枝后开；在同一枝条上，中下部先开，上部后开。茶树花寿命约2天，即开放后两天没有受精，茶树花便自动脱落。寿命长短与花期气候条件有关，在温暖的晴天，寿命较短，为1~2天；而在低温、下雨的气候下，花期较长，可长达5~6天。开花期的平均气温为16~25℃，如气温降到-2℃以下，花蕾不能开放。由于茶树花开花时间、外界环境影响及花粉生活力等多方面的原因，茶树的结实率一般都很低，具有“花期长、开花多、结实少”的特点。

（二）不同地区茶树的开花习性

1. 广西茶区

广西的茶树花的始花期在10月5日至11月6日，早晚各相差近30天，最早的是福云6号为10月5日，其次是金萱为10月8日；最晚的是云南大叶种和凌云白毫为11月6日，其次是八仙茶为10月28日。盛花期在10月20日至11月13日，早晚相差近15天，最早是金萱为10月20日，其次是福云6号为10月22日；最晚是八仙茶和云南大叶茶为11月15日，其次是南山白毛茶和凌云白毫为11月13日（表2-11）。

表2-11　广西优质茶树花的开花周期

品种	始花期	盛花期
六堡群体种	10月23日	11月5日
金萱	10月8日	10月20日
福云6号	10月6日	10月22日
八仙茶	10月28日	11月15日
南山白毛茶	10月20日	11月13日
西山茶	10月25日	11月8日
云南大叶种	11月5日	11月15日
凌云白毫	11月5日	11月13日

数据来源：谭少波等，2013年。

2. 贵州省贵阳茶区

湄潭苔茶、福鼎大白茶和黔湄601在贵阳不同茶区的花期在9—11月，全花期为64~81天。茶树开花正常，但较其他温暖茶区的全花期相对略短（表2-

12）。3种茶树在贵阳地区主茶区的花露白期在9月10日至10月6日，早晚相差27天，湄潭苔茶最早，黔湄601最迟，福鼎大白茶介于二者之间。乌当茶区茶树花露白稍早于其他茶区。贵阳地区茶树的盛花期在10月7—21日，早晚相差近15天。盛花期在10月上旬至11月中旬，以湄潭苔茶最早，为10月7日；福鼎大白茶其次，为10月14日；黔湄601最晚，为10月21日。盛花期湄潭苔茶平均为38天，福鼎大白茶平均为36天，黔湄601平均为27天。贵州1月气温较低（月平均气温2.3℃），茶树的终花期基本在12月上旬至中旬，湄潭苔茶及福鼎大白茶均为20天，黔湄601平均为32.6天。

表2-12 贵阳茶区主栽茶树品种茶树花的开花期

品种	露白期			盛花期			终花期			全花期（天）
	始日	讫日	日数（天）	始日	讫日	日数（天）	始日	讫日	日数（天）	
湄潭苔茶	9月10日	9月17日	7	10月7日	11月15日	38	11月17日	12月23日	36	81
	9月18日	9月25日	7	10月14日	11月21日	37	11月23日	12月21日	28	72
福鼎大白茶	9月22日	9月27日	5	10月18日	11月26日	38	11月28日	12月22日	26	69
	9月20日	9月25日	5	10月16日	11月23日	37	11月24日	12月20日	26	68
	9月18日	9月23日	5	10月14日	11月17日	33	11月18日	12月21日	33	71
黔湄601	10月9日	10月14日	5	10月21日	11月17日	26	11月20日	12月23日	33	64
	10月5日	10月11日	6	10月20日	11月18日	28	11月24日	12月26日	32	66
	10月7日	10月13日	6	10月18日	11月17日	29	11月22日	12月25日	33	68

数据来源：黄燕芬等，2015年。

3. 海南省茶区

海南省茶区集中分布在以琼中黎族苗族自治县（以下简称琼中县）、定安县为核心的自西南向东北走向的卵圆形区域中，茶区内总计有14个县（市），依种茶面积大小排列为定安县、琼中县、通什镇、琼山区、屯昌县等。总体来说，以五指山为中心沿五指山山脉、黎母山山脉的地势走向，茶树栽培面积依海拔高度降低而减少，海拔50m以下的台地无种植茶树。海南岛现有栽培茶园的品种

（系）80余个。引进品种约50个，本岛品种有30余个。海南茶叶最具代表性的是五指山的海南野生茶，而海南目前种植茶树品种主要是海南大叶种、云南大叶种和台农中叶种为主。

海南省拥有茶树生长的良好气候和生态环境，茶树花几乎全年开放，花期相对较长，使得茶树花资源非常丰富、茶树花品质优良。海南白沙、琼中、定安、五指山及保亭等地区茶树以大叶种茶树为主，这些地区的茶树主要开花季节为7—8月，其他月份也有少量开花。五指山地区为海南野生茶的主要产区，野生大叶种开花季节主要为11月至翌年2月，野生茶树开花量少、花朵较小。海南五指山及澄迈地区种植中叶种茶树的茶园，5—9月为无花期，9月之后逐渐开花，花期较长，但以每年11月至翌年2月开花最多、产量最大。

4. 山东省茶区

茶树花从花芽分化到始花需100~110天，由始花到终花需60~80天。一朵花从露白到初开约15天，由初开到全开需1~7天。山东省茶区的茶树开花期在9—11月，茶树花蕾开放率与开花期，不同的品种之间差异较大，有的在蕾期就自然脱落，尤其是后期形成的花蕾。茶树花开花率较低，开花差异主要表现在始花期和盛花初期。

三、茶树花与茶叶产量

已有研究表明，茶叶产量与茶树着花量呈负相关，茶树花采摘后，能提高翌年的茶叶产量和茶叶品质。适时采摘茶树花，以及有效控制茶树开花量，不仅是对茶园副产品茶树花的变废为宝利用，而且有利于增加茶叶产量和品质的改良。

因茶树花会影响茶叶产量，茶农会采取各种方式来控制茶树开花结果，具体有以下方式。

1. 提倡合理的平衡施肥

为了有效地促进营养生长，控制生殖生长，茶园应提倡以氮素为主，氮、磷、钾及中微量元素相结合的施肥技术。力求把磷肥、钾肥作为基肥施，氮肥作追肥施。如有必要用复合肥作追肥的，力求施高氮比的茶树专用复合肥，防止用15-15-15和15-15-12进口和国产的通用高磷钾比复合肥作追肥。

2. 注意水肥调控

在5—7月，正是花芽分化的关键时期，一般茶树的营养生长相对减弱。此时若有短期的干旱发生，最有利于茶树花芽分化。因此可以采取灌溉和施氮肥的措施，加强营养生长，抑制花芽分化。肥料配比中磷肥、钾肥少些，氮肥多些，并调节施肥时期，使在花芽分化高峰时期有较多的氮素供应，而磷肥、钾肥的供应时期以秋冬季为宜。

3. 提倡合理的采剪技术

为了防止春、夏梢留叶过多，增加着花数，在采名优茶地区提倡春茶后进行轻修剪或重修剪。在名优茶和大宗茶并采地区，春茶不留叶，夏茶少留叶。由于茶丛边缘光照好是着生花果的主要部位，而可采叶子少，要进行修边，剪去边缘无效枝，减少着花数和坐果率。推行双行条播种植方式光照对茶树花果发生有很大影响。短光照和遮阴可减少茶树花果的发生，适当密植可减少茶树花果数量。双行条播茶叶产量高，土地利用经济，茶树有效经济产量持续时间长，花果相对比单条播要少。常规生产茶园建议推行双条播，行距 1.5m，小行距 0.3m，株距 0.33m，每穴 2 株为好。

4. 选择年青茶园作母本园

母本园的树龄对扦插苗性发育有很大影响。母本园树龄越老，所繁殖的扦插苗性成熟也越早，茶苗着花早，开花多。母本园茶树越年青则反之。年青母株所留的插穗发芽早，成活率高，花果少，生长快，将来产量也高。

5. 喷洒生长调节剂

一些能促进茶树营养生长的多功能叶面肥在一定程度上都有促进营养生长，抑制花芽生长，减少开花结实的效果。

在花芽生理分化旺盛期的 7—8 月，每亩用 80~100mg/kg 的赤霉素加 2%尿素水溶液 75~100kg，均匀喷洒在叶片正面，有抑制和延缓花芽分化，减少花果的效果。但赤霉素不能代替肥料，在生产上必须加强根际有机肥料和氮肥的施用，才能起到更为显著的增产效果。

在茶树开花期喷施乙烯利，一般喷后 15 天落花率可达 80%以上，也能有效地减少坐果率，减少茶树养分消耗，提高茶叶产量和品质。具体使用方法是：在 10 月中旬至 11 月上旬茶树花含苞待放时用浓度为 0.08%乙烯利（即每克药兑水 1.25kg）喷施，若大部分茶树花已经开放，植株生长缓慢和气温较低，喷药浓度可提高到 0.1%（每克药兑水 1kg），喷药时尽量均匀地喷在花朵、花蕾及幼果上。

6. 人工摘除

当花蕾大量形成，肉眼可辨认时，或者在茶树大量开花时，采用人工摘除，简单易行，效果好，也可大大减少茶树营养消耗，是争取翌年春茶高产优质的好方法。所采的茶树花、花蕾可作肥料，也可另作他用。

综上6种方法，人工摘除茶树花能提高茶叶产量，增进品质，提早萌芽，增加收入，生产投入小，不选择地形，无化学残留，简单实用，是比较好的方法。实际应用时应注意摘除花果的时期，才会取得较好的经济效益，摘花太早或太晚都会减少经济收入。摘除时间太早，花蕾太小不容易摘干净，此时气温尚高茶树的代谢活动还很旺盛，将已长出树体的花蕾摘除后会促进处于潜伏状态的花芽继续生长，反而刺激了生殖生长消耗更多养分，影响营养生长；摘除时间太晚，茶树已开花结果，养分大量消耗，同样影响营养生长。茶树花采摘适期在晚秋，正值农民秋收后的冬闲时节，开展茶树花生产，可有效利用这一时期的闲置劳动力，扩大农民再就业，增加农民收入，发展农村经济。

四、茶树花的资源量

（一）生物量

茶树的开花数不同品种之间、同一品种不同单株之间差异都很大，而且自然生长的茶树开花数显著多于生产茶园的茶树。自然生长的茶树，年单株开花数1467~12399朵，平均单株开花数达4567朵，同一品种单株开花数的变异系数为8.1%~5.24%，品种间单株开花数的变异系数为82.1%；生产茶园的茶树，年单丛孕育花蕾数315.8~1389.2朵，平均单丛孕育花蕾数895朵，同一品种单株开花数的变异系数为18.2%~4.94%，品种间单株开花数的变异系数为43.4%。

茶树花产量受品种、树龄、种植方式、栽培管理措施、气象因子等多因素的影响。如前所述，茶树品种间花产量差异显著。

叶乃兴等人对福建农林大学实验生产茶园的茶树花的百花重、产量进行了调查（表2-13和表2-14），结果表明，茶树干花产量一般可达150~200kg/亩。

表2-13　生产茶园每丛花蕾数与茶树花产量

品种	花蕾数（朵/丛）	CV（%）	单产（kg/亩）	
			鲜重	干重
毛蟹	1389.2±685.7（a）	49.4	1604	321
铁观音	1031.8±262.8（ab）	25.5	670	134
黄旦	913.5±277.3（bc）	30.4	529	106
肉桂	826.8±150.2（bc）	18.2	524	105

（续表）

品种	花蕾数（朵/丛）	CV（%）	单产（kg/亩）	
			鲜重	干重
福鼎大白茶	315.8±64.4（c）	20.4	235	47
$\overline{X}\pm S$	895.4±388.4	43.4	—	—

注：①每个品种随机调查 4 丛；②每亩以 1500 丛估算亩产；③干重制率按 5∶1 估算；④茶树花单产以开放率 70%估算。

数据来源：叶乃兴等，2008 年。

表 2-14　不同品种茶树花的百花重　（单位：g）

品种	百花重	品种	百花重	品种	百花重
福建水仙	217.0±12.8	金钱	78.4±4.7	乐昌白毛茶	194.2±12.7
毛蟹	110.0±12.8	佛手 F_1	95.8±3.6	南山白毛尖	65.2±1.0
梅占	114.5±4.3	悦茗香	72.6±3.1	迎春	85.1±1.5
金萱	66.3±2.2	铁观音	48.3±1.3	福云 6 号	76.6±6.8
九龙袍	108.8±1.5	黄旦	55.2±2.3	金牡丹	51.0±3.8
早春毫	67.1±3.0	本山	41.4±2.1	肉桂	77.2±5.3
朝阳	155.3±2.3	黄观音	57.1±2.8	新选 205	59.1±1.8
丹桂	65.0±4.7	金观音	70.6±1.3	白牡丹	62.6±1.3

数据来源：叶乃兴等，2008 年。

白婷婷等对福鼎大白茶、福云 6 号、槠叶齐 3 个品种的茶树花的生物量进行定量分析，可知茶树花的生物量一般在 114.85～146.61kg/亩，不同品种的茶树花的生物量有一定差异，福鼎大白茶的生物量高于福云 6 号和槠叶齐（表 2-15）。

表 2-15　不同品种茶树花生物量的测定结果　（单位：g）

品种	$5m^2$ 鲜重	$5m^2$ 干重	亩干重
福鼎大白茶	10.11	1.57	146.61
福云 6 号	8.54	1.46	136.34
槠叶齐	7.79	1.23	114.85

数据来源：白婷婷等，2010 年。

黄燕芬等调查了贵阳市乌当区、小河区和白云区等几个主要茶区湄潭苔茶、福鼎大白茶和黔湄601共3个主栽茶树品种，结果发现产花量以福鼎大白茶最高，平均产干花25.9kg/亩；黔湄601次之，平均产干花18.06kg/亩；湄潭苔茶的产花量最低，平均产干花12.62kg/亩（表2-16）。

表2-16 贵阳地区主栽茶树品种茶树花的生物产量

品种	组别	百花鲜重（g）	5点鲜重（$g/20m^2$）	折合单产（kg/亩）	5点干重（$g/20m^2$）	折合单产（kg/亩）
福鼎大白茶	1	106.30	631.20	21.05	555.46	27.85
	2	101.40	613.02	20.44	539.46	23.95
	平均	103.85	—	20.75	—	25.90
湄潭苔茶	1	77.99	433.81	14.55	381.75	12.81
	2	78.29	421.16	14.13	370.62	12.43
	平均	78.14	—	14.34	—	12.62
黔湄601	1	90.20	513.73	17.24	452.08	15.17
	2	93.11	561.46	18.84	494.08	16.58
	平均	91.70	—	18.04	—	18.06

注：5点鲜重、5点干重分别指每亩设5个取样点，每点$4m^2$，共$20m^2$内茶树花的鲜重和干重。
数据来源：黄燕芬等，2015年。

海南省在茶树花产量最多的季节，大叶种茶树每棵树可采摘鲜花及或花蕾0.6~0.8kg，一般每亩茶园约1500棵茶树，因此每亩茶园可采摘鲜花或花蕾900~1200kg；中叶种茶树每棵树可采摘鲜花及或花蕾0.8~1.0kg，因此中叶种茶园每亩可采摘鲜花或花蕾1200~1500kg，茶树花的量是相当可观的。

（二）茶树花优质高产的影响因素

1. 品　种

不同茶树品种的茶树花产量和品质不同，茶树良种是茶树花优质高产不可取代的重要生产资料。赵学仁等人对茶树不同品种的花、果进行了比较系统的观察，得到如下结果：在同一地区自然条件下，品种间的花期虽有迟早、长短的不同，但盛花期可以相遇。茶树昼夜开花数因品种而异，花期早的品种，夜间开花数比白昼多；花期迟的品种，白昼开花数比夜间多。不同茶树品种，一天中，上午开的花平均占19.2%~30.7%。茶树盛花期的日平均温度，紫芽种不高于24℃，福鼎大白茶和水仙品种不高于20℃。日开花数与平均气温呈指数曲线相关。

2. 茶树花的品质构成

茶树花的品质构成因子有物理因素和化学因素两个方面。

物理因素：包括花冠大小、色泽、开放度和匀净度。就一般而论，要求花冠大、花瓣厚实，色泽洁白、富光泽性，雄蕊群与雌蕊群黄艳，开放度适中；采摘时，要求轻采、轻放、新鲜度好，无碎花、花蕾、杂质，净度高。冠径大于 4cm 为大花，3~4cm 为中花，小于 3cm 为小花；花瓣 5~16 个，雄蕊 70~320 枚；花色乳白、淡黄、粉红。

化学因素：同一品种茶树花应在盛花期的晴天上午 8—11 时和下午 3—6 时采摘，当时茶树花内含物达到峰值。

3. 茶树花高产的因素

构成茶树花高产的因素可以归纳为多、重、快、长 4 个方面。

多：在树冠层面上可采花朵数量多，采收次数多。

重：花朵单重大，折干率高。

快：从花蕾露白到开放，生长速度快。

长：花期采收时间长，尤其盛花期长。

4. 栽培技术

包括生理调节、适时修剪、采养结合、喷灌补水和定量化配方施肥。

（三）茶区分布

中华民族是发现和栽培茶树、加工和利用茶叶最早的民族，茶叶生产已有 5000 多年历史，有“茶的故乡”之称。中国茶叶加工历史悠久，源远流长，经历了复杂的演化和变革：从发现野生茶树到人工栽培、品种选育、扦插繁殖；饮用方法从生煮羹饮，到饼茶散茶，提取、分离、纯化成饮品；茶叶品类从绿茶到绿、红、青、黄、白、黑六大茶类，再到花茶、压制茶等再加工茶类；制茶从手工到半机械、机械自动化、智能化加工。

中国是茶叶的原产地，不仅是世界上最大的茶叶生产国、消费国、贸易国，中国茶叶种类之多也为世界之冠。由于中国适宜种茶的地域广袤，为世界绝无仅有，加之茶叶的生理功用、经济效益、社会功用在历史过程中不断被发现和认同，使茶叶自被发现和利用之始，就受到社会广泛关注。

我国有 21 个省（区、市）967 个县、市生产茶叶，茶区分布范围较广，东起台湾地区东部海岸（122°E），西至西藏[①]易贡茶场（95°E），南起海南省三亚市（18°N），北到山东省荣成市（37°N），东西跨经度27°，南北跨纬度19°，从南至北分布着四大产茶区：西南茶区、华南茶区、江南茶区和江北茶区。

西南茶区位于中国的云南、贵州、四川3省以及西藏东南部，是中国最古老的茶区。茶树品种资源丰富，生产红茶、绿茶、沱茶、紧压茶（砖茶）和普洱茶等。云贵高原为茶树原产地中心，其地形复杂，有些同纬度地区海拔高低悬殊，气候差别很大，大部分地区均属亚热带季风气候，冬不寒冷、夏不炎热，土壤状况也较为适合茶树生长。

华南茶区位于中国南部，包括广东、广西、福建、台湾、海南等省（区），为中国最适宜茶树生长的地区，茶资源极为丰富，生产红茶、乌龙茶、花茶、白茶和六堡茶等。该地区茶年生长期10个月以上，年降水量是中国茶区之最。

江南茶区位于中国长江中、下游南部，包括浙江、湖南、江西等省以及皖南、苏南、鄂南等地，为中国茶叶主要产区，年产量大约占全国总产量的2/3。生产的主要茶类有绿茶、红茶、黑茶、花茶以及品质各异的特种名茶，诸如西湖龙井、黄山毛峰、洞庭碧螺春、君山银针、庐山云雾等。茶园主要分布在丘陵地带，少数在海拔较高的山区。

江北茶区位于长江中下游北岸，包括河南、陕西、甘肃、山东等省以及皖北、苏北、鄂北等地。江北茶区主要生产绿茶，少数山区有良好的微域气候，茶的质量亦不亚于其他茶区。

（四）潜在茶树花资源储量估计

关于茶树花的产量，研究人员进行了许多调查，但因为调查方法或茶树本身的差异性，文献中获得的数据都有较大差异。编者得到了四川雅安茶树花有限公司的产量数据，并以此为基准进行计算。根据国家统计局的数据，2015年我国实有茶园面积279.14万hm^2，其中采摘茶园面积为211.58万hm^2，茶园平均鲜茶树花的产量为200kg/亩，全国预计茶树花的资源储量约为600万t，储量巨大。经过加工，约3.1kg鲜茶树花可以被加工成1kg干制茶树花，即全国大约可以生产200万t的干制茶树花。

---

① 西藏自治区，全书简称西藏。

五、茶树花干花的生产

（一）茶树花干花加工工艺

农户对茶树花的简单粗加工只需采摘、烘干两道工序，设备只需茶叶加工厂的烘干机即可。中林绿源（北京）茶树花研究发展中心徐纪英主任早在2003年就获得了“茶树花加工工艺”国家发明专利证书。技术含量比较高的茶树花采摘加工工艺可分为采摘、脱水、蒸青、干燥、速冻和粉碎6道工序，具体如下。

采摘：茶树花宜盛开期采摘。采用竹制或塑料制空心花篮盛放同时拣剔清除杂质，采摘的茶树花要立即分级摊晾。

脱水：要求摊放在竹席或水泥地面上，厚度2~5cm，每隔1h轻翻一次，鲜花摊放脱水时间不超过10h，最佳摊放时间为6h。

蒸青：脱水后进入蒸青程序，直接采用制茶蒸青机，控制花受热温度为80~100℃。

干燥：干燥程序分多次进行，最佳为3~4次干燥，干燥时温度控制在60~180℃，干燥机烘花板上花的厚度分别在2~3cm，每次干燥后需下机摊晾，摊晾时间逐次延长。

速冻：在-40~-20℃中速冻20min。

粉碎：取出后立即放入粉碎机中粉碎。

整个加工生产工艺均是采用自然的加工方法，其中不包含任何化学反应或化学提取方法，能最大限度地保持茶树花的自然营养成分和各种有效成分。

（二）茶树花干花品质评价

对茶树花干花的品质评价与茶叶审评类似，包括外形、汤色、香气、滋味、汤底等方面。茶树品种不同，成品花的品质存在一定的差异，比如有学者对六堡群体种等8个茶树品种加工而成的不同风格的优质茶树花进行了审评（表2-17）。六堡群体种、南山白毛茶、金萱适宜加工花蜜香型的茶树花，品质特点是花蜜香浓、愉悦、滋味甜醇、含花蜜香浓；八仙茶种适宜加工高花香型的茶树花，品质特点是花香浓郁、醇爽；凌云白毫适宜加工清高优雅型的茶树花，品质特点是兰花香尚浓，滋味醇厚；福云6号、西山茶、云南大叶种所加工出茶树花品质特点是味醇花香细长，适宜加工花香型的优质茶树花。

表 2-17 8 个茶树品种的茶树花类型及特点

品种	外形	汤色	香气	滋味
六堡群体种	尚润，浅绿	浅绿，亮	花香尚浓，愉悦	甜醇，花蜜香尚浓
金萱	尚润，浅绿	浅绿，亮	花香尚浓，愉悦	甜醇，透花蜜香
八仙茶	尚润，浅绿	浅绿，亮	花香浓郁，愉悦	醇爽，花香浓
福云 6 号	尚润，浅绿/白	浅绿，亮	花香细长	醇，透香
南山白毛茶	尚润，浅绿	浅绿，亮	花蜜香浓，愉悦	甜醇，花香浓
西山茶	尚润，浅绿	浅绿，亮	清香尚浓	尚醇，有花香
云南大叶种	尚润，浅绿	浅绿，亮	有花香	尚醇
凌云白毫	尚润，浅绿	浅绿，亮	兰花香尚浓	醇厚，有兰花香

数据来源：谭少波等，2013 年。

（三）茶树花干花品质的影响因素

1. 茶树品种

影响茶树花品质的主要因子为香气和滋味，不同品种茶树花所含的主要化学成分不同，加工出的茶树花干花品质差异较大。适制优质茶树花干花的广西主栽茶树品种有：六堡茶（原产于广西梧州市苍梧县六堡乡的地方群体种茶树）、台茶 12 号、八仙茶、福云 6 号、南山白毛茶（原产于广西横县南山应天寺的有性系茶树群体种）、桂平西山茶（原产于广西桂平市城郊西山的茶树有性系群体种）、凤庆大叶茶（属于云南大叶类茶树品种中的一类茶树有性系群体种）、凌云白毛茶（原产于广西凌云、乐业等县的有性系茶树群体种）、龙胜龙脊茶（原产于广西龙胜县和平乡龙脊村的茶树有性系群体种）等茶树品种，加工的茶树花干花感观评分均为 85.0 分以上。其中六堡茶茶树的干花品质最好，感观评分为 90.1 分，其花香尚浓、愉悦，滋味甜醇，含花蜜香尚浓；其次为南山白毛茶，感观评分为 89.3 分，其花蜜香浓、愉悦，滋味甜醇，含花香尚浓。

根据谭少波等对茶树花干花品质的比较，筛选出的 9 种优质茶树花适制不同风格的干花：六堡茶、南山白毛茶、台茶 12 号适宜加工花蜜香型茶树花，品质特点是花蜜香浓，愉悦，滋味甜醇；龙胜龙脊茶、八仙茶适宜加工高花香型茶树花，品质特点是花香浓郁、醇爽；凌云白毛茶适宜加工清高优雅型茶树花，品质特点是兰花香尚浓，滋味醇厚；福云 6 号、桂平西山茶、凤庆大叶茶适宜加工花香型茶树花，品质特点是花香细长、味醇（表 2-18）。

表 2-18 不同茶树品种加工的茶树花干花品质比较

品种	外形（15%）	汤色（10%）	香气（35%）	滋味（30%）	叶底（10%）	总分
六堡茶	尚润，浅绿（88）	浅绿，亮（90）	花香尚浓，愉悦（90）	甜醇，花蜜香尚浓（93）	浅黄，尚匀（85）	90.1
鸠坑种	尚润，浅绿（87）	浅绿，亮（88）	花香低，闷带青（62）	欠爽，微苦（65）	浅黄，尚匀（84）	71.4
台茶 12 号	尚润，浅绿（90）	浅绿，亮（90）	花香尚浓，愉悦（86）	甜醇，透花蜜香（86）	泛白，匀（89）	87.3
福鼎大白茶	尚润，浅绿（86）	浅绿，亮（87）	花香低（68）	欠醇，透青（66）	浅黄，尚匀（85）	73.7
八仙茶	尚润，浅绿（85）	浅淡，亮（85）	花香浓郁，愉悦（93）	醇爽，花香浓（90）	浅黄，尚匀（84）	89.2
丹桂	尚润，浅绿（85）	浅绿，尚亮（85）	花香低、闷（62）	欠醇，带青苦（62）	浅黄，尚匀（85）	70.1
福云 6 号	浅绿，透白（90）	浅绿，亮（88）	花香细长（85）	醇，透香（85）	泛白，匀（90）	86.6
福鼎大白茶	尚润，浅绿（86）	浅绿，亮（85）	花香低（70）	欠醇，透香（76）	泛白，尚匀（85）	77.2
南山白毛茶	尚润，浅绿（88）	浅绿，亮（88）	花蜜香浓，愉悦（90）	甜醇，花香尚浓（91）	浅黄，尚匀（85）	89.3
乌牛早	尚润，浅绿（85）	浅绿，亮（88）	花香低，欠愉悦（66）	欠爽，微苦（68）	浅黄，尚匀（85）	73.6
桂平西山茶	尚润，浅绿（85）	浅绿，亮（88）	清花香尚浓（88）	尚醇，有花香（87）	浅黄，尚匀（85）	87.0
龙井 43	尚润，浅绿（85）	浅绿，亮（89）	花香平（72）	欠醇，微苦（71）	浅黄，尚匀（86）	76.8
铁观音	尚润，浅绿（84）	浅绿，尚亮（85）	带花香（74）	欠醇，微苦（72）	浅黄，尚匀（86）	77.2
元宵绿	尚润，浅绿（87）	浅绿，尚亮（86）	花香平（72）	微苦（68）	浅黄，尚匀（86）	75.6
凤庆大叶茶	尚润，浅绿（87）	浅绿，亮（87）	有花香（85）	醇，有花香（85）	浅黄，尚匀（86）	85.6
凌云白毛茶	浅绿（84）	浅绿，亮（87）	兰花香尚浓（88）	醇厚，有兰花香（86）	浅黄，尚匀（84）	86.3
安吉白茶	尚润，浅绿（86）	浅绿，尚亮（85）	花香低，欠愉悦（68）	欠爽，微苦（71）	泛白，匀（88）	75.3

（续表）

品种	外形（15%）	汤色（10%）	香气（35%）	滋味（30%）	叶底（10%）	总分
龙胜龙脊茶	尚润，浅绿（86）	浅绿，亮（87）	花香浓郁（87）	甜醇，花香尚浓（88）	浅黄，匀（88）	87.3
龙井长叶	尚润，浅绿（86）	浅绿，亮（86）	花香平正（72）	欠爽（75）	浅黄，尚匀（86）	77.8
茗科1号	浅绿（85）	浅绿，亮（86）	花香低，尚正（72）	尚醇、微苦（74）	浅黄，尚匀（87）	77.5

注：括号内数值为各项品质指标的得分。

数据来源：谭少波等，2014年。

2. 加工方式

要取得优秀的茶树花品饮口感，需注意各个关键节点。采摘含苞待放、花朵无残缺的茶树花；采后的茶树花，因为水分含量高，不宜长时间贮存，宜立即分级后摊开，并及时加工；杀青工序宜用蒸汽杀青的方式，要注意控制杀青温度在100℃左右；杀青后及时进行烘干，初烘温度控制在90℃，时间10min，足烘温度控制在80℃，时间3h；出烘摊凉。烘干方式宜采用低温干燥，需要注意的是，烘干，特别是初烘的及时与否直接影响到成品干花的色泽好坏。

(1) 不同干燥温度对茶树花干花品质的影响

随着干燥温度的升高，茶树花干花品质不断提升，感官评分逐渐增加。当干燥温度为90℃时，茶树花干花的感官评分最高（85.7分），品质最佳。茶树花干花有花香，滋味尚醇，透花蜜香；超过90℃后，品质有所下降（表2-19）。

表2-19 不同干燥温度的茶树花干花品质比较

干燥温度（℃）	外形	汤色	香气	滋味	叶底	得分
60	尚润，浅绿	浅，尚亮	有花香，带水气	微苦，透花香	泛白，匀	81.9
70	尚润，浅绿	浅绿，亮	有花香，欠愉悦	欠醇，透花香	泛白，匀	84.7
80	尚润，浅绿	浅绿，亮	花香稍低	尚醇，透花香	泛白，匀	85.2
90	尚润，浅绿	浅绿，亮	有花香	尚醇，透花蜜香	泛白，匀	85.7
100	欠润，浅绿	浅绿，尚亮	花香低	尚醇，花香低	泛白，匀	84.8

数据来源：谭少波等，2014年。

（2）不同萎凋时间对茶树花干花品质的影响

茶树花干花品质随萎凋时间的延长呈先提高后降低的变化趋势，萎凋6h的茶树花干花品质最佳，其花香尚浓、愉悦，滋味甜醇，透花蜜香，感官评分为87.3分；其次是萎凋4h，感官评分为86.6分；萎凋时间为12h时，茶树花干花品质最差，感官评分最低，其香气平，滋味淡。

表2-20 不同萎凋时间的茶树花干花品质比较

萎凋时间（h）	外形	汤色	香气	滋味	叶底	得分
0	尚润，浅绿	浅淡，尚亮	有花香，带水气	欠醇，有花香	泛白，匀亮	84.3
2	尚润，浅绿	浅绿，亮	有花香	尚醇，透花蜜香	泛白，匀亮	85.7
4	尚润，浅绿	浅绿，亮	有花香	尚醇，透花蜜香	泛白，匀亮	86.6
6	尚润，浅绿	浅绿，亮	花香尚浓，愉悦	尚醇，透花蜜香	泛白，匀亮	87.3
8	欠润，浅绿	浅绿，尚亮	有花香	醇欠厚，透甜香	泛白，尚匀亮	85.4
10	欠润，浅绿	浅绿，尚亮	香低	欠厚，透香	泛白，尚匀亮	84.3
12	浅绿	浅绿，尚亮	平	淡	泛白，尚匀亮	83.2

数据来源：谭少波等，2014年。

主要参考文献

白婷婷，孙威江，黄伙水，2010. 茶树花的特性与利用研究进展［J］. 福建茶叶，32（Z1）：7-11.

陈常颂，游小妹，王秀萍，等，2008. 乌龙茶品种（系）花器主要形态性状分析［J］. 中国茶叶，30（11）：28-30.

陈冬梅，何进武，樊伟伟，2018. 海南不同品种茶树开花情况及茶树花功能性成分分析［J］. 农产品加工（4）：52-53，57.

郭带英，1988. 抑制花芽分化提高茶叶产量［J］. 中国茶叶（1）：3-5.

郭元超，1990. 茶树花器形态分类研究［J］. 茶叶科学技术（4）：8-15.

郭元超，萧丽平，叶乃兴，1986. 茶树花器性状遗传与变异的初步研究［J］. 茶叶（4）：2-5.

黄亚辉，卢政通，吴春兰，等，2014. 广西金秀野生茶树的形态学特征研究［J］. 福建茶叶，36（1）：14-21.

黄亚辉，赵文芳，袁思思，等，2017. 珍稀茶树资源——广西白牛茶［J］. 中国茶叶（4）：18-19.

黄燕芬，俞迎春，周国兰，等，2015. 贵阳市主栽茶区茶树花的开花习性与生物量［J］. 西南农业学报，28（4）：1513-1516.

江平，汤盛杰，2009. 茶树花优质高产配套技术的研究［J］. 安徽农学通报，15（1）：121-122.

刘春腊，徐美，刘沛林，等，2011. 中国茶产业发展与培育路径分析［J］. 资源科学，33（12）：2376-2385.

庞式，凌彩金，2002. 茶树花开发利用的思路及其效益［J］. 广东茶业（3）：39-40.

苏其宥，2002. 怎样用“乙烯利”疏除茶树花果［J］. 农村经济与技术（2）：42.

谭少波，王小云，黄敏周，等，2013. 广西优质茶树花主要性状及品质分析研究［J］. 大众科技（12）：143-144.

谭少波，王小云，兰燕，等，2014. 广西优质茶树花品种筛选及加工工艺初探［J］. 南方农业学报，45（9）：1657-1661.

王晓婧，翁蔚，杨子银，等，2004. 茶花研究利用现状及展望［J］. 中国茶叶，26（4）：8-10.

吴洵，郑岳云，2003. 茶树多花多果原因及防治方法［J］. 福建茶叶（3）：15-16.

伍群群，王华建，邵宗清，等，2017. 浅谈淳安茶产业发展中茶树花的开发利用［J］. 中国茶叶，39（8）：38-39.

叶乃兴，刘金英，饶耿慧，2008. 茶树的开花习性与茶树花产量［J］. 福建茶叶，32（4）：16-18.

叶乃兴，杨江帆，邬龄盛，等，2005. 茶树花主要形态性状和生化成分的多样性分析［J］. 亚热带农业研究，1（4）：30-33.

喻云春，胡华健，2007. 贵州茶树“花资源”开发及其产业化初探（续）［J］. 贵州茶叶（2）：9-10.

喻云春，罗显扬，胡华健，2007. 贵州茶树“花资源”开发及其产业化初探［J］. 贵州茶叶（1）：11-13.

钟秋生，陈常颂，林郑和，等，2012. 铁观音等 5 个茶树种质的花器性状初步分析［J］. 茶叶学报（3）：23-25.

周光来，田国政，王东辉，2003. 摘花时期对春茶效益的影响［J］. 湖北民族学院学报（自科版），21（4）：18-20.

庄占兴，2008. 山东绿茶的开花结果与控制措施［J］. 今日农药（10）：35-37.

第三章　茶树花的主要功能性成分

本章对茶树花中的主要功能性成分及其功效成分，茶树花中多酚类物质、复合多糖、茶皂素、蛋白质与氨基酸、维生素、微量元素、活性酶等的提取纯化方法进行系统阐述。

一、茶树花的主要功能性成分及其含量

（一）概　述

茶树花内含成分与茶叶基本相同，含蛋白质、茶多糖、茶多酚、氨基酸、维生素、超氧化物歧化酶（SOD）和过氧化氢酶（CAT）等有益成分和活性物质，这些成分对人体具有解毒、抑菌、降糖、延缓衰老、防癌抗癌和增强免疫力等功效。杨普香等对白毫早等13个品种茶树花的主要生化成分进行分析发现：不同品种茶树花除水浸出物以外，其他生化成分含量差异明显，但化学成分与鲜叶类似。茶树花中茶多酚的含量低于茶叶，氨基酸含量与茶叶相当，水溶性糖的含量较一般的茶叶高，水浸出物含量也略高于茶叶，如表3-1所示。黄阿根等分别对从江苏扬州、江苏镇江、江苏宜兴、江苏仪征和浙江新昌的茶树花进行活性成分的分析与鉴定，发现茶树花中多酚含量为6.35%~8.19%，茶树花总糖含量为20.97%~33.60%，多糖含量为1.04%~1.84%。伍锡岳对云南大叶种及祁门种鲜花进行测定，发现云南大叶种中茶多酚含量为13.02%，氨基酸含量为2.84%，咖啡因含量为2.59%，蛋白质含量为27.46%，儿茶素总量为62.42mg/g，总糖含量为38.47%。田国政研究了福鼎大白茶、福云6号、槠叶齐3个品种茶树花营养成分的含量，结果表明，茶树花含有丰富的茶多酚、蛋白质、茶多糖、可溶性糖、维生素C、氨基酸、水分，其含量分别为2.41%、4.67%、6.45%、0.63%、0.813%、0.503%、82.54%，蛋白质、茶多糖含量明显高于茶叶的平均水平。叶乃兴等则选择我国和日本不同的茶树品种，采集其花朵，对茶树花形态

性状、生化成分的多样性进行调查研究，结果表明茶树花性状品种内表现稳定，品种间变异幅度大，而且中国栽培品种的茶树花多样性比日本栽培品种丰富。茶树花的水浸出物含量为（53.78±4.57）%，茶多酚含量为（10.78±2.25）%，游离氨基酸含量为（2.60±0.51）%，咖啡因含量为（1.42±0.22%），水溶性糖含量为（3.80±1.07）%。茶树花具有较高的水浸出物含量和含水率，水溶性糖含量略高于鲜叶，游离氨基酸含量与鲜叶相当，咖啡因含量低于鲜叶，茶多酚含量明显低于鲜叶。茶树花含水率变异度小，品种间差异不明显，这表明茶树花含水率的高低主要受花的生理状态和气象因子所影响。伍锡岳等在对茶树花果的利用研究中，对云南大叶种鲜花的主要生化成分进行了测定，云南大叶种含茶多酚13.02%、氨基酸2.84%、咖啡因2.59%、蛋白质27.46%、儿茶素总量63.42mg/g、总糖38.47%。袁祖丽等采集了8个不同品种的茶树花对其化学成分及香气成分进行了分析，采用分光光度法测定出茶树花中可溶性糖16.469%~25.194%，茶多酚含量为3.935%~6.282%，咖啡因含量为1.250%~1.543%，氨基酸含量为1.465%~2.116%。

表3-1　茶树花和茶鲜叶主要生化成分含量比较

器官	含水量（%）	水浸出物（%）	茶多酚（%）	游离氨基酸（%）	咖啡因（%）	水溶性糖（%）
茶树花	80~87	46~59	7.8~14.4	1.5~3.3	1.0~1.8	2.4~5.7
茶鲜叶	75~78	30~47	18.0~36.0	1.0~4.0	2.0~4.0	0.8~4.0

数据来源：杨普香等，2009。

除此之外，茶树花在不同的花期主要生化成分会发生变化。杨普香对碧云和湄潭台茶这两个品种不同开放状态茶树花进行主要生化成分分析，结果表明不同开放状态茶树花的茶多酚、水溶性糖、水浸出物含量差异较大，黄酮类化合物、游离氨基酸总量相差不大（表3-2）。茶树花茶多酚含量在完全开放期最高，露白期次之，初开期最低；水溶性糖和水浸出物含量在完全开放期最高，初开期次之，露白期最低；游离氨基酸含量在完全开放期稍高于初开期，初开期稍高于露白期；黄酮类化合物含量是完全开放期稍高于露白期和初开期。有学者测定祁门、黄金桂和龙井43品种茶树花蛋白质和还原糖的含量，发现这3个品种的蛋白质含量在露白期较高，还原糖含量则在盛花期较高。饶耿慧测定了肉桂、毛蟹、黄旦3个品种茶树花在幼蕾期、露白期到开放的主要生化成分含量，结果表明，从幼蕾期、露白期到开放期，茶树花的茶多酚和咖啡因含量呈下降趋势，而水浸出物和可溶性糖总量呈上升趋势。

表 3-2　不同花期茶树花主要生化成分比较

品种	花期	水浸出物（%）	茶多酚（%）	游离氨基酸（%）	咖啡因（%）	水溶性糖（%）
碧云	露白期	10.74	0.82	0.78	33.41	58.53
	初开期	10.12	0.91	0.78	34.12	61.83
	完全开放期	11.60	1.07	0.80	36.07	65.41
湄潭苔茶	露白期	10.43	0.95	0.72	30.44	51.23
	初开期	10.37	0.99	0.73	31.10	53.38
	完全开放期	12.42	1.08	0.73	33.87	59.87

数据来源：杨普香等，2009。

另外，茶树花各部分所含生化物质的含量也不尽相同。杨普香的研究表明，花瓣的水溶性糖、黄酮类化合物和水浸出物含量最高，茶多酚含量最低，游离氨基酸含量中等。花瓣的水溶性糖含量是雄蕊和雌蕊的 1.69 倍、花托和花梗的 4.24 倍；花瓣的黄酮类化合物含量是雄蕊和雌蕊的 1.55 倍、花托和花梗的 4.39 倍；花瓣的水浸出物含量是雄蕊和雌蕊的 1.13 倍、花托和花梗的 1.72 倍。雄蕊和雌蕊的氨基酸含量最高，水溶性糖、茶多酚、黄酮类化合物和水浸出物含量中等；雄蕊和雌蕊的游离氨基酸含量是花瓣的 3.76 倍、花托和花梗的 4.30 倍。花托和花梗的茶多酚含量较高，水溶性糖、黄酮类化合物、游离氨基酸、水浸出物含量很低；花托和花梗的茶多酚含量是花瓣的 2.49 倍、雄蕊和雌蕊的 1.85 倍。翁蔚的研究表明茶树花的花瓣和花蕊所含的化学物质基本一致，含量相当，蛋白质和还原糖类是茶树花的主要化学成分，含量分别为 38.2%和 24.1%。黄阿根研究也发现花瓣和花蕊所含的化学成分相似，但花蕊中多酚、总糖、多糖的含量略高。对于茶树花的不同部位，生化成分含量各有所长，但相差不大。鉴于所需人工费用和综合口感分析，除特殊产品开发的需要外，不必将茶树花各部位分开使用。

茶树花的生化成分含量丰富，鉴于此，从茶树花中提取出其中具有营养、保健功能的有效成分，如茶多酚、茶树花多糖等，可应用于食品、医药、化工等多个行业。

（二）一些机构测得的茶树花生化成分含量

1. 浙江大学茶树花样品检测结果（2016 年）

浙江大学的研究团队对茶树花的生化成分进行了检测。样品 1 为茶树花鲜花，样品 2 为经过发酵等处理后的茶树花样，检测结果如表 3-3 所示。样品 2 的含水率较低，但是其外形颜色不如样品 1；样品 1 和样品 2 的水浸出物含量均在 40%以上，其中样品 1 的水浸出物含量较高；以牛血清蛋白作标准曲线，将茶树花样可溶性蛋白含量与其进行比较，如图 3-1 所示；以谷氨酸作标准曲线，茶样中游离氨基酸含量与其相比较，如图 3-2 所示；以葡萄糖作标准曲线，茶树花样可溶性糖与其相比较，如图 3-3 所示。以没食子酸作标准曲线，茶多酚含量与其相比较，如图 3-4 所示；以葡萄糖作标准曲线，茶多糖含量与其相比较，如图 3-5 所示。

表 3-3 茶树花的生化成分含量检测结果 （单位：%）

样品	含水率	水浸出物	可溶性蛋白	游离氨基酸	可溶性糖	茶多酚	茶多糖	没食子酸	咖啡因	简单儿茶素	酯型儿茶素
样品 1	10. 62±0. 07	49. 15±0. 80	1. 20±0. 47	5. 39±0. 09	33. 99±0. 97	3. 93±0. 82	2. 02±0. 09	0. 09±0. 00	0. 60±0. 01	0. 74	1. 28
样品 2	4. 36±0. 15	40. 35±0. 27	0. 42±0. 31	2. 18±0. 03	10. 81±0. 24	3. 44±0. 31	5. 22±0. 69	0. 49±0. 01	0. 85±0. 01	0. 18	0. 12

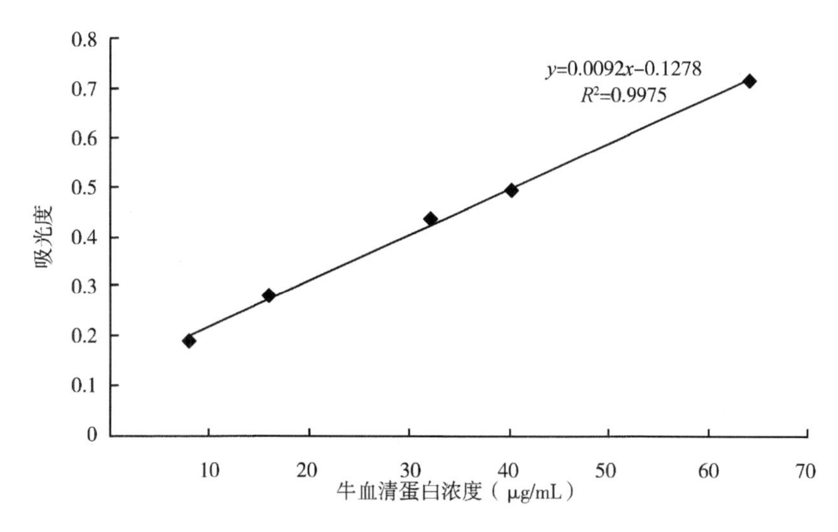

图 3-1 考马斯亮蓝法测可溶性蛋白标准曲线

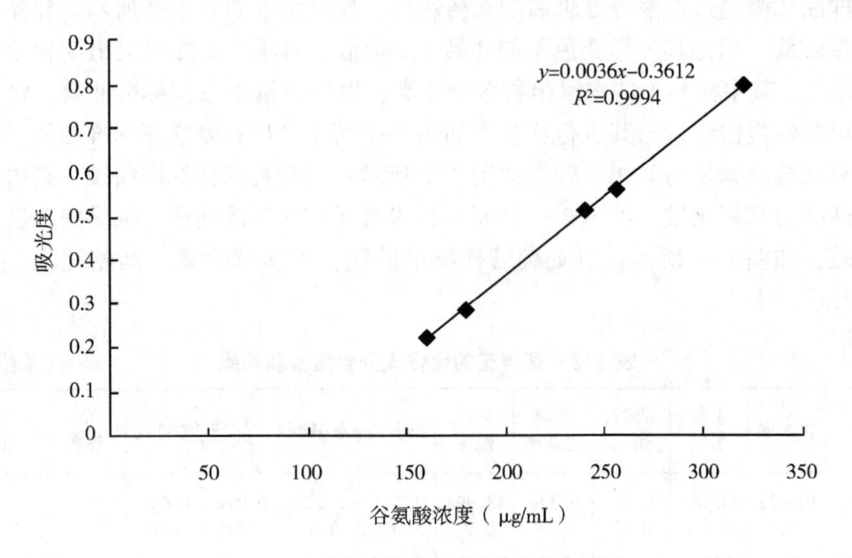

图 3-2　茚三酮法测游离氨基酸标准曲线

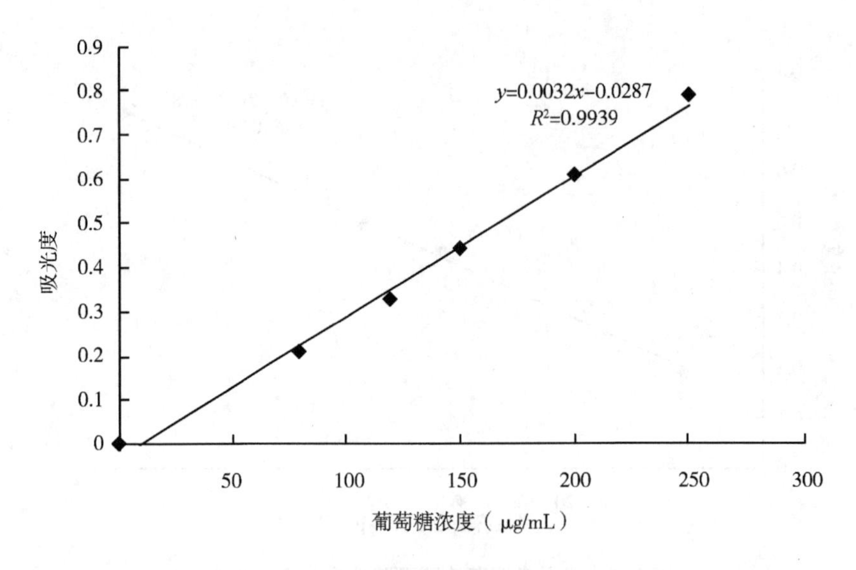

图 3-3　蒽酮法测可溶性糖标准曲线

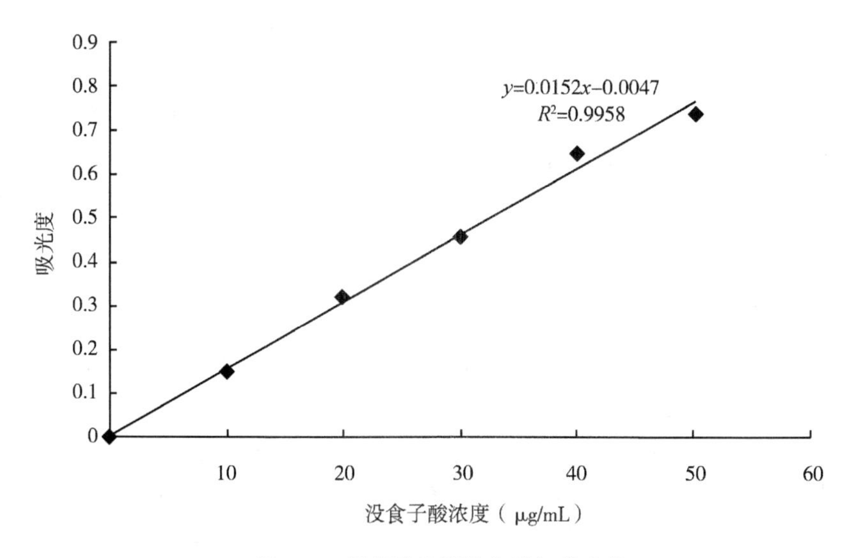

图 3-4　福林酚法测茶多酚标准曲线

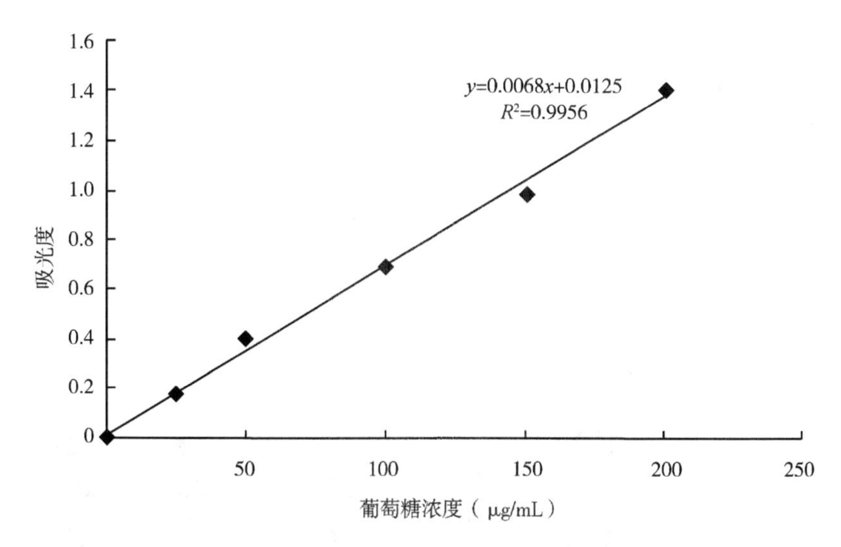

图 3-5　蒽酮法测茶多糖标准曲线

2. 中国农业大学茶树花成分检测结果

茶树花最初作为茶产业链中的废物不受重视，随着人们对茶树花价值的重新认识，茶树花逐渐成为一种具有很大开发价值的潜在资源，产品开发研究越发受到关注。四川雅安全义茶树花有限公司与中国农业大学食品科学与营养工程学院合作探讨发酵茶树花产品的开发与质量提升。茶树花鲜花通过窝堆发酵、控水控温的方式对茶树花进行 3 期（Ⅰ期、Ⅱ期、Ⅲ期）发酵，最终得到烘干的茶树花发酵成品。茶树花干花是鲜花经过干制工艺而获得的干花产品。赵瑞瑞和生吉萍（2012）等对产品开发过程中的不同阶段进行取样，分析检测 5 个样品（鲜花、Ⅰ期、Ⅱ期、Ⅲ期和干花）的组成成分和质量指数，分析探讨茶树花发酵产品在加工过程中营养素含量和品质的变化规律。

由图 3-6 至图 3-15 可见，茶树花鲜花发酵过程中含水量逐渐降低；在发酵过程中可溶性固性物、水浸出物、咖啡因的含量逐渐增加；尽管维生素 C、可溶性蛋白、还原性糖、黄酮、茶多酚和 DPPH 清除率在发酵过程中具有一定的波动，但到发酵Ⅲ期其含量都显著高于茶树花鲜花。由表 3-4 可以看出，茶树花鲜花在发酵过程中除了谷氨酸、丙氨酸、精氨酸外，其他 13 种氨基酸的含量逐渐升高。

发酵茶树花成品与茶树花干花进行比较，发现干花在可溶性蛋白质含量、还原糖含量、维生素含量等方面比发酵产品高，原因可能是干花保存了更多的花粉。

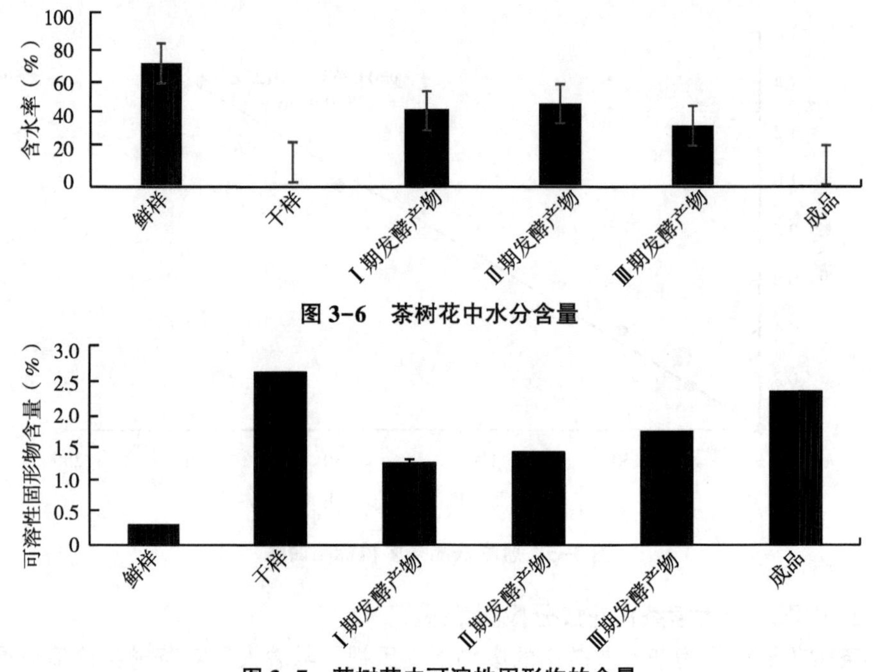

图 3-6　茶树花中水分含量

图 3-7　茶树花中可溶性固形物的含量

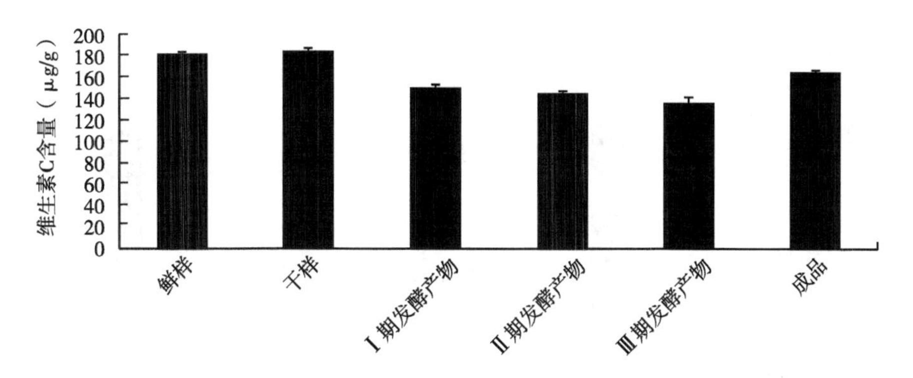

图 3-8　茶树花中维生素 C 的含量

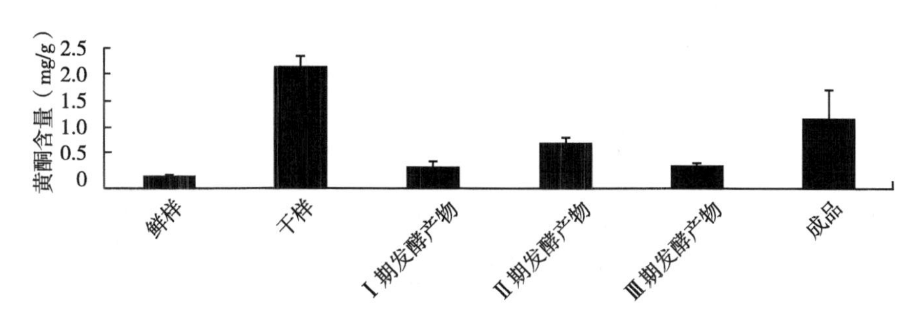

图 3-9　茶树花中黄酮的含量

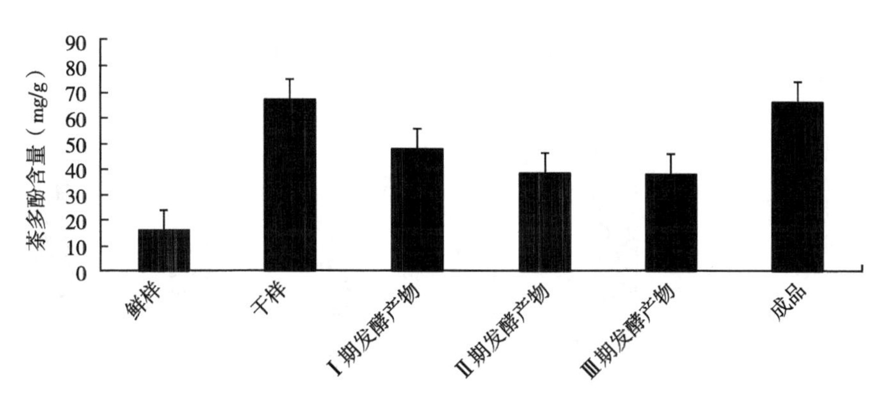

图 3-10　茶树花中茶多酚的含量

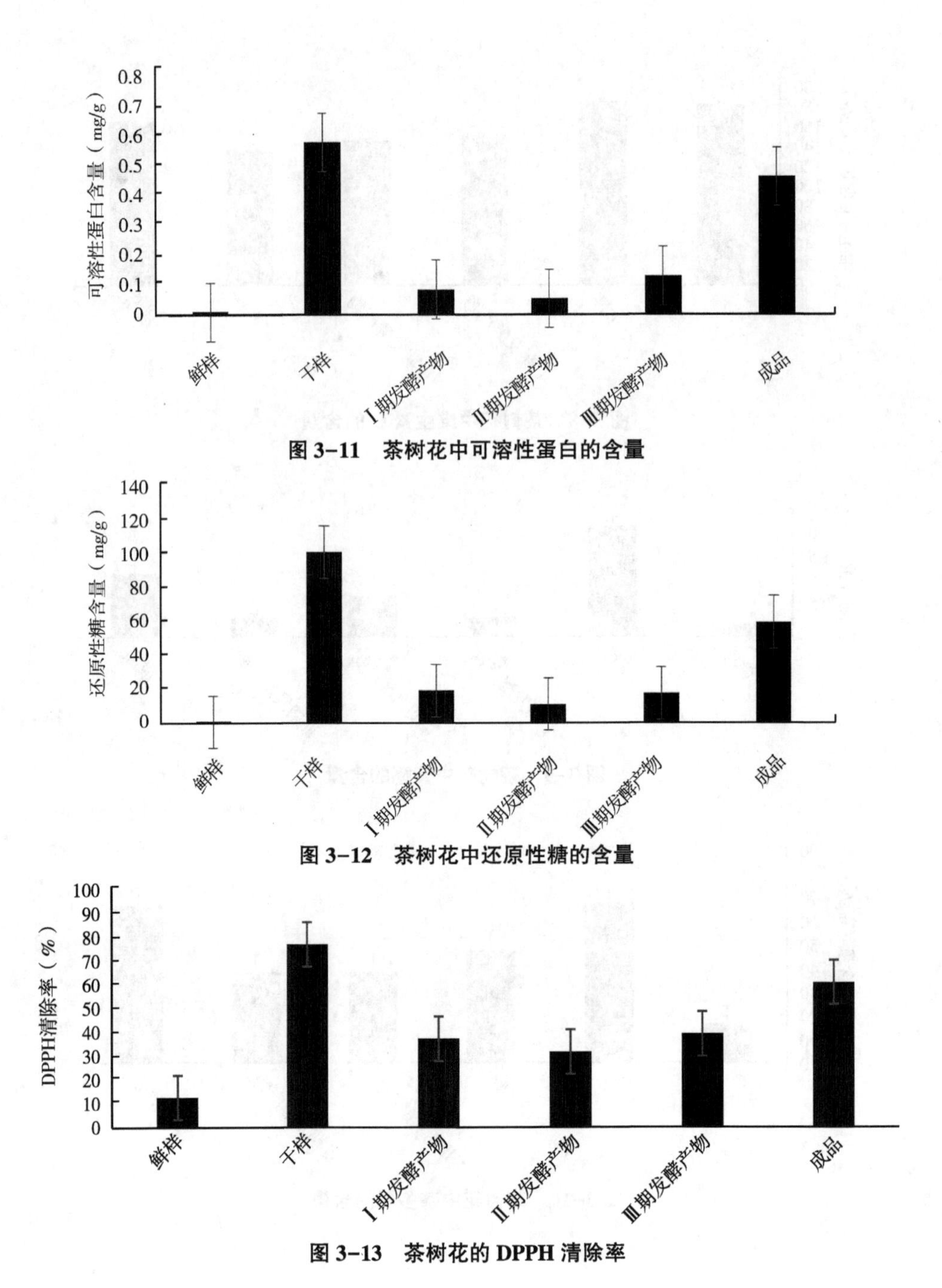

图 3-11　茶树花中可溶性蛋白的含量

图 3-12　茶树花中还原性糖的含量

图 3-13　茶树花的 DPPH 清除率

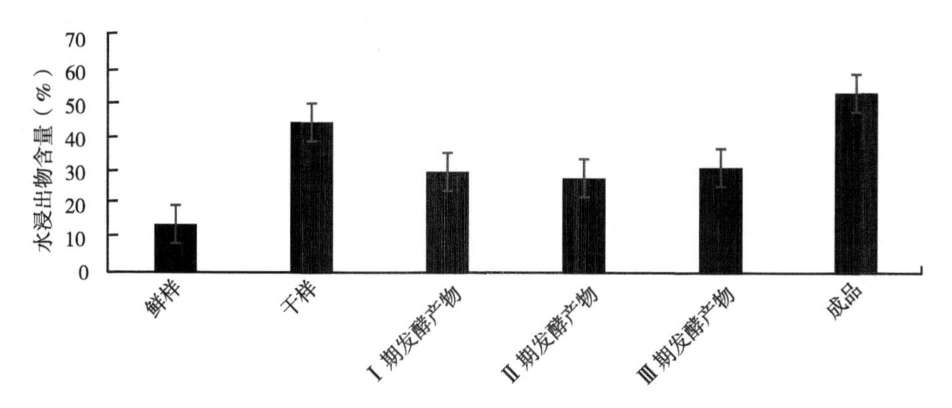

图 3-14　茶树花中水浸出物的含量

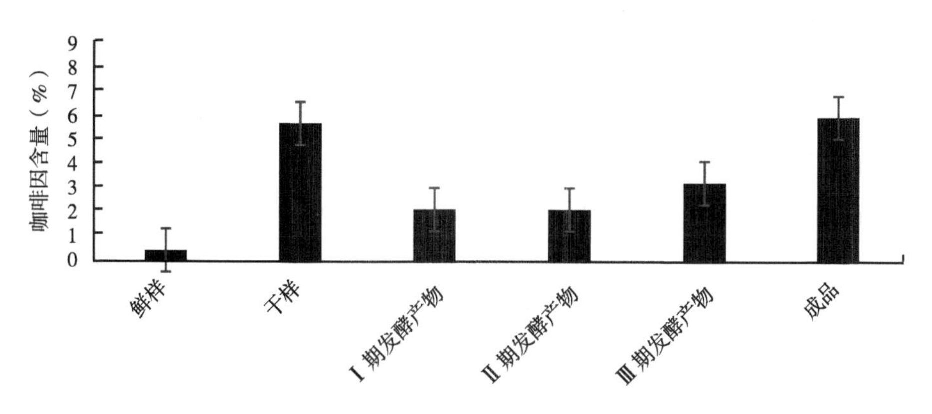

图 3-15　茶树花发酵样品中咖啡因的含量

表 3-4　茶树花中氨基酸的含量

氨基酸	含量（%）					
	茶树花干花	茶树花鲜花	茶树花成品	茶树花Ⅰ期发酵产物	茶树花Ⅱ期发酵产物	茶树花Ⅲ期发酵产物
天冬氨酸	0. 84	0. 18	1. 10	0. 58	0. 46	0. 53
苏氨酸	0. 36	0. 091	0. 55	0. 29	0. 23	0. 26
丝氨酸	0. 52	0. 11	0. 63	0. 33	0. 28	0. 31
谷氨酸	2. 35	0. 30	1. 80	1. 05	0. 97	0. 93
脯氨酸	0. 62	0. 10	0. 68	0. 36	0. 33	0. 36

（续表）

氨基酸	含量（%）					
	茶树花干花	茶树花鲜花	茶树花成品	茶树花Ⅰ期发酵产物	茶树花Ⅱ期发酵产物	茶树花Ⅲ期发酵产物
甘氨酸	0.41	0.10	0.63	0.33	0.27	0.30
丙氨酸	0.74	0.12	0.68	0.39	0.34	0.36
缬氨酸	0.48	0.11	0.70	0.37	0.31	0.35
蛋氨酸	0.15	0.022	0.22	0.087	0.081	0.059
异亮氨酸	0.39	0.092	0.61	0.26	0.25	0.26
亮氨酸	0.61	0.15	0.92	0.47	0.40	0.44
酪氨酸	0.21	0.06	0.37	0.18	0.15	0.17
苯丙氨酸	0.40	0.09	0.64	0.32	0.26	0.30
赖氨酸	0.41	0.15	0.49	0.30	0.31	0.34
组氨酸	0.20	0.05	0.25	0.15	0.13	0.14
精氨酸	0.67	0.13	0.73	0.47	0.4	0.44

二、茶多酚

茶多酚（Tea Polyphenols）是茶叶中多酚类物质的总称，包括黄烷醇类、花色苷类、黄酮类、黄酮醇类和酚酸类等。主要为黄烷醇（儿茶素）类，儿茶素占60%~80%。类物质茶多酚又称茶鞣质或茶单宁，是形成茶叶色香味的主要成分之一，也是茶叶中有保健功能的主要成分之一，具有很强的抗氧化能力，能有效清除体内的氧自由基和脂类自由基，预防脂质的过氧化，而且具有抑制肿瘤、延缓衰老、抗辐射的功能。

茶多酚为淡黄至茶褐色略带茶香的水溶液、粉状固体或结晶，具涩味。易溶于水、乙醇、乙酸乙酯，微溶于油脂。耐热性及耐酸性好，在 pH 值 2~7 范围内均十分稳定。略有吸潮性，水溶液的 pH 值为 3~4。在碱性条件下易氧化褐变。遇铁离子生成绿黑色化合物。

实验表明，茶树花中的多酚成分与茶叶相似。利用高效液相色谱法检测出茶树花多酚主要由表没食子酸儿茶素（EGC）、表没食子儿茶素没食子酸酯（EGCG）、表儿茶素（EC）、没食子儿茶素没食子酸酯（GCG）、表儿茶素没食子酸酯（ECG）儿茶素类化合物组成。其中表没食子酸儿茶素和表儿茶素属于非酯型儿茶素，其余3种表没食子酸儿茶素没食子酸酯、没食子儿茶素没食子酸酯和表儿茶素没食子酸酯属于酯型儿茶素。非酯型儿茶素稍有涩味，收敛性弱，回味爽口；酯型儿茶素具有较强的苦涩味，收敛性强，是构成涩味的主体。根据儿茶素的成分组成和含量可对茶树花和茶叶的品质做初步鉴定。

（一）茶多酚的功效

1. 抗氧化、抗衰老作用

人体自然衰老与包括肿瘤、心血管等疾病在内的人群退行性疾病都有一个共同的发生过程，即细胞受到氧自由基的氧化损害。人体内的自由基主要为氧自由基，氧自由基会损伤生物大分子，参与多种疾病发生、发展并引起衰老。茶叶中的茶多酚对红细胞溶血、脂质过氧化物丁二醛及过氧化氢等的生成均有明显抑制作用，抗氧化作用被认为是茶叶抗癌、抗突变最重要的机理。

茶多酚具有优良的抗氧化作用，主要是因为茶多酚的主要活性成分儿茶素类化合物中的酚羟基。儿茶素类的基本结构为2-邻（或连）苯酚基苯并吡喃衍生物，这种结构具有连或邻苯酚基，比一般非酚类或单酚羟基类抗氧化活性更高。生物体内在进行氧化还原作用时会产生过量的自由基反应，而儿茶素上的酚羟基具有供氢体的活性，可以与脂肪的游离自由基结合，从而阻断自由基的链式反应，因此茶多酚实际起到自由基吸收剂的功效。英国 Rice Evans 等同时比较了维生素 C、维生素 E、多种黄烷醇类、黄酮醇类化合物的抗氧化活性，结果表明，茶多酚中的表没食子儿茶素没食子酸酯、表儿茶素没食子酸酯、茶黄素单没食子酸酯和双没食子酸酯的抗氧化活性分别是维生素 C 的 4.8 倍、4.9 倍、4.7 倍和 6.2 倍，可见茶多酚中的表没食子儿茶素没食子酸酯等比其他抗氧化剂具有更强的抗氧化活性。同时，茶多酚也是一种很强的金属离子螯合剂，能阻断氧自由基的生成反应。

正是因为茶多酚的抗氧化作用，可抑制皮肤线粒体中脂氧合酶和脂质过氧化作用，从而具有了抗衰老作用，茶多酚的抗氧化作用明显优于维生素 E，且与维生素 C、维生素 E 有增效效应。

2. 抗癌作用

茶多酚的抗癌作用有多种机制，能调节多种基因的表达，抑制细胞增殖，诱导肿瘤细胞凋亡，调节机体酶的代谢，抗脂质过氧化，清除自由基保护基因，从而起到了对肿瘤发生发展的预防和治疗作用。

茶多酚对信号传导通路有选择性阻断作用，从而抑制肿瘤的生长。丝原激活蛋白激酶（MAPK）传导通路是信号传导中与细胞生长关系最密切的激酶链系统，生长因子→受体→小 G 蛋白→启动 MAPK 链→MAPK→转录因子→生物效应是它的模式途径。研究表明，茶多酚可干预激活蛋白质（AP-1）和核转录因子 κB 为主的信号传导通路。同时，茶多酚对信号传导通路的调节具有选择性作用，这为其抗癌及肿瘤预防的作用研究提供了新的方向。

茶多酚具有诱导肿瘤细胞凋亡和抑制细胞增殖的作用。正常细胞凋亡在维持生物机体细胞增殖与死亡的平衡过程有重要作用。细胞凋亡调控的失调是导致肿瘤形成的一个重要条件，所以诱导肿瘤细胞凋亡是药物抗肿瘤的有效途径之一。诸多研究证实茶多酚可在体内外引起多种肿瘤（包括胃癌、胰腺癌、肺癌和前列腺癌细胞）的凋亡。有报道称茶多酚可抑制 TPA 诱导的蛋白激酶 C 的活性和细胞间通讯。EGCG、EGC 或茶黄素诱导细胞的凋亡并与过氧化氢凋亡有关。

茶多酚具有抑制肿瘤血管生成的作用。二价金属阳离子是细胞外调节蛋白激酶 Erk-1 和 Erk-2 受体酶的辅助因子，EGCG 是强效的金属阳离子螯合剂，茶多酚通过螯合二价金属阳离子从而阻滞胞质蛋白 Erk-1 和 Erk-2 的激活，抑制血管内皮生长因子表达以抑制新生血管的生成，从而产生抑制肿瘤的效应。由于所有实体癌的生长都依赖与血管发生，因此这可以解释为什么饮茶能够阻止不同类型肿瘤的生长。另外，茶多酚抗新生血管的生成有特异性，其主要限于在增生活跃的肿瘤组织微血管的形成阶段，而对于已经定型的正常组织器官微血管，因其血管生成机制处于关闭状态，因而影响不大。

茶多酚可影响肿瘤细胞周期及 DNA 合成过程。细胞周期是与信号传导、细胞凋亡等都存在着密切联系的一种细胞生命活动。肿瘤是一类细胞周期调控异常性疾病。茶多酚可抑制肿瘤细胞 DNA 合成与复制，使细胞周期停滞于某一时相而抑制肿瘤细胞的增长。

茶多酚可抑制肿瘤细胞端粒酶活性。端粒酶（Telomerase）是一种具有反转录活性的核糖粒蛋白，它保持染色体末端的完整和控制细胞分裂，是控制癌细胞增殖的一种关键酶。Nassiani 等研究表明 EGCG 对肿瘤细胞的端粒酶有抑制作用。此外，用非细胞毒剂量的 EGCG 处理白血病细胞和结肠癌细胞发现，细胞生命周期缩短，端粒缩短，染色体异常，与衰老有关的 β-半乳糖苷酶表达，这也提示了茶多酚抑制肿瘤细胞端粒酶活性是其抗癌机制之一。

茶多酚抗氧化和清除自由基的作用对抗癌具有重要作用。自由基作为一种致癌因子是众所周知的，自由基反应与肿瘤的发生、发展密切相关，在复杂的癌变过程中，过氧化自由基起重要作用。自由基可造成细胞的DNA损伤，尤其是DNA结构和功能的破坏，最终使细胞发生突变、癌变或病变死亡。在癌变的启动和促进阶段均有自由基的参与。茶多酚作为一种高效低毒的自由基清除剂，具有强烈的抗氧化和清除自由基的功能，能抑制或阻断氧化剂造成的细胞DNA断裂。

除以上几种抗癌机制之外，茶多酚还具有抑制肿瘤细胞的激素受体表达、抗肿瘤转移和抗肿瘤多药耐药性等作用。总而言之，茶多酚作为茶叶和茶树花中的重要活性成分，它的抗癌作用是明确的，不仅可抑制多种因素所诱导的突变和致癌作用，还可抑制癌细胞的增生，是一种防治肿瘤的良好药物。

3. 抗辐射作用

各种天然和人为的辐射源，如太阳的可见光、紫外线，外层空间的射线，诊断治疗用的放射性物质，手机和部分家用电器高频电磁波等对人类健康造成各种不良影响，导致人体器官、系统的损害日益增加，人们也愈加重视辐射对人体的伤害。大量的流行病学和体内外实验研究证实，茶多酚具有抗辐射的药理效应。其机理主要有两个：一是茶多酚可以通过消除因为辐射产生的活性氧簇进而减少有机体的DNA损伤，达到减轻辐射伤害的效果；二是茶多酚通过调节细胞及机体内多种酶的活性，改变不同基因表达的强弱，影响蛋白质的合成进而对有机体产生积极的影响。另外，Hu等人利用茶多酚溶液喂食经过^{60}Co辐射后的昆明鼠，研究发现，茶多酚及各种儿茶素单体溶液表现出不同的抗辐射效果，儿茶素对造血系统的增强效果显著，EGCG具有最佳的抗氧化活性，推测茶多酚的抗辐射效果是由多种单体协同发挥作用的结果。

茶多酚优良的抗辐射功能，可吸收放射性物质，阻止其在人体内扩散。茶多酚作为辅助治疗手段，能够有效地维持白细胞、血小板、血色素水平的稳定；改善由于放化疗带来的不良反应，减轻放化疗药物对肌体免疫系统的抑制作用；缓解辐射对骨髓细胞增重的抑制作用。

4. 预防心脑血管疾病的作用

茶多酚及其氧化产物茶色素具有拮抗多种心脑血管病和其他有关疾病的危险因子，切断疾病发生的循环，对多种疾病具有预防和治疗作用。它可以通过调整血液中各项指标的水平，改善心脑血管系统动能，达到对心脑血管疾病的防治作用。

茶多酚能够预防心脑血管疾病的机理主要有两个。一是茶多酚的抗氧化作用。人类血清中的脂质主要有胆固醇、甘油醇、甘油三酯和磷脂，研究发现胆固醇含量与冠心病及心肌梗死的发生率呈正相关。血浆中的脂质需要和蛋白质结合形成脂蛋白后参与人体的转运过程。脂蛋白可分为极低密度脂蛋白、低密度脂蛋白和高密度脂蛋白，其中极低密度脂蛋白和低密度脂蛋白都有致动脉粥样硬化作用，而高密度脂蛋白则是将外围组织和血液中的胆固醇运往肝脏进行代谢，故其具有抗动脉粥样硬化的效果。茶多酚具有多个酚羟基，通过自身的氧化而避免胆固醇的氧化，使酸败物质的形成量减少，抑制脂质物质在血管壁上的沉积；同时茶多酚阻止了食物中不饱和脂肪酸的氧化，从而减少血清中胆固醇的含量并保持脂质在动脉壁正常进出的动态平衡。二是茶多酚的抗凝作用。由于茶多酚易于与酶蛋白结合，可与凝血酶形成复合物，不使纤维蛋白原变成纤维蛋白，从而促进纤溶和抗血小板聚集、降血压、阻止血栓形成、防治动脉粥样硬化。此外，茶儿茶素具有较强的抑制 ACE 的作用，ACE 是促进血管紧张素Ⅱ和舒缓激肽转换的酶，前者有使血压增高的作用，后者有使血压降低的效果。当 ACE 活性过强时血管紧张素Ⅱ增加，血压上升。茶多酚具有抑制 ACE 的作用，从而抑制了血压升高。

5. 防治糖尿病的作用

糖尿病是由于胰岛素分泌不足以及靶组织细胞对其敏感性降低而引起的糖、脂肪、水和电解质等一系列代谢紊乱。茶多酚防治糖尿病的效果主要与茶多酚对糖代谢的调控作用有关。高媛园总结研究发现，茶多酚的调控作用体现在 3 个方面：一是减少糖类的外源摄入量，通过抑制 α-葡萄糖苷酶、α-淀粉酶等水解酶的活性降低其对多糖和寡糖的水解，从而减少肠道对葡萄糖的吸收，EGCG 能够与唾液淀粉酶结合使之沉淀，降低酶活，同时，茶多酚也可抑制肠道中 Na^+依赖性葡萄糖转运载体的活性。二是茶多酚可以改善胰岛素抵抗和胰岛素分泌从而促进葡萄糖的转运和利用。茶多酚可以作用于人体中葡萄糖转运和利用途径中的多个分子靶位点，增强信号通路的传递，减轻胰岛素抵抗，促进葡萄糖的转运与代谢。同时，茶多酚能增强机体对胰岛素的敏感性，调节胰岛素分泌及合成量。三是茶多酚可以减弱肝脏糖异生功能并促进肝糖原合成。另外，茶多酚的抗氧化作用对防治糖尿病也有一定的贡献。

6. 抗菌抗病毒的作用

研究表明茶多酚具有广谱性的抗菌效果，既可抑制革兰氏阳性菌，也可抑制革兰氏阴性菌。研究证明，茶多酚对蜡样芽孢杆菌、金黄色葡萄球菌、霍乱弧菌、单增李斯特菌等一系列典型食品致病菌及腐败菌都有抑制作用。茶多酚类化合物通过杀死在齿缝中存在的乳酸菌及其他的龋齿细菌并抑制葡萄糖聚合酶的活性，有效中断了龋齿的形成过程。不同的细菌对多酚的耐受力不同，取决于多酚类物质结构及其细菌种类。同时，茶多酚与其他抗生素（如四环素、青霉素）等具有协同抗菌作用。另外，茶多酚对细菌毒素也有很好的灭活作用。

一方面，茶多酚能够与细菌细胞膜结合并导致细菌细胞膜的损失，从而产生直接的抗菌作用。相关研究显示，经茶多酚处理后的金黄色葡萄球菌和铜绿芽孢杆菌的细菌培养液的电导率和总糖浓度均增大，这提示茶多酚的抗菌作用与损伤细胞细胞膜结构导致细胞内容物外泄有关。另一方面，茶多酚可以通过作用于细菌的某些靶蛋白而起到抑菌的作用，但是相关研究停留在用纯化的蛋白进行体外实验的研究上。目前并没有直接证据显示茶多酚物质可以透过细胞外的屏障而进入细胞内起作用，茶多酚是否可以进入细胞内直接与细胞内靶蛋白结合产生抑制作用还需要进一步研究。另外，越来越多的证据显示茶多酚可在中性至弱碱性介质中通过自氧化生成过氧化氢，从而产生氧化抑菌作用。

茶多酚对流感病毒 A3 直接灭活作用实验表明，在 3.12~50μg/mL 浓度范围内，流感病毒 A3 在混有茶多酚的培养条件下培养，茶多酚具有显著降低病毒活性、抑制病毒增殖的作用。张文明等研究发现，茶多酚对 SARS 病毒、腺病毒感染、HIV 病毒等也有一定的抑制作用。其主要活性成分是 EGCG，其他成分也都有部分的抗病毒活性。茶多酚抗病毒的机理可能是抑制病毒生活周期中的若干阶段或是减弱了病毒与细胞的吸附力和致病力。

7. 调节免疫功能的作用

郭春宏等研究了茶多酚在离体给药时对 ConA（刀豆素）诱导小鼠脾淋巴细胞及小鼠巨噬细胞增殖反应的影响，发现茶多酚可以显著增强 ConA 诱导的小鼠离体脾淋巴细胞及小鼠离体巨噬细胞增殖反应，从而证明茶多酚具有免疫增强作用。潘喜华等研究了茶多酚在小鼠体内的免疫调节、抑制肿瘤和抗衰老作用，研究发现茶多酚通过抗氧化作用降低了脂质的过氧化水平，从而维持膜的流动性和完整性，协助维持免疫功能所必需的膜受体减少了过氧化物对免疫功能的抑制；茶多酚通过增强免疫活性细胞超氧化物歧化酶（SOD）、谷胱甘肽过氧化物酶（GSH-Px）活性，增强巨噬细胞对肿瘤细胞的杀伤能力，肿瘤坏死因子（THF）产生增多。免疫细胞的膜受体参与抗原识别，茶多酚能保护膜受体，使之不因被氧化而丢失，减少脂质过氧化损伤，保护和增强免疫功能，参与肿瘤免疫，从而抑制肿瘤的生长。

因此，茶多酚可适当应用于肿瘤的辅助治疗，改善药物对机体的免疫抑制，增强药效，干扰肿瘤细胞的生长，这可能是一个很有价值的治疗方法。

（二）茶树花中茶多酚的提取纯化工艺

茶树花中茶多酚的提取纯化工艺可以参考茶叶中多酚的萃取工艺。目前茶多酚的提取方法主要有有机溶剂萃取法、金属离子沉淀法、树脂吸附法等。有机溶剂萃取法要经过多步溶剂萃取操作，有机溶剂消耗大、成本高，生产中环境污染重；金属离子沉淀法操作简单但是提取率低，污染大；树脂吸附法条件温和，操作成本低，是工业化生产中优选的方法，但存在着树脂容易被污染的问题。

目前，国内有关茶树花中茶多酚的提取工艺的研究较少，从茶叶中提取茶多酚的方法是否可以直接应用于茶树花中茶多酚的提取还需进一步探究。我们将已报道的从茶树花中提取茶多酚的相关工艺研究进行整理总结如下。

1. 超声波辅助提取

超声波提取法是利用超声波的机械破碎和空化作用加速茶多酚等浸提物从茶叶向溶剂的扩散速率，使茶多酚浸提出来，结合传统的浸提方法从提取液得到茶多酚然后纯化。研究发现，有机溶剂直接浸提与超声波辅助提取，茶树花多酚提取得率并无显著差别，但超声波辅助提取茶树花多酚具有浸提温度低、时间短、速度快的优点，对易氧化的多酚提取更适用。

影响超声波辅助浸提各因素的主次顺序为料液比、温度、浸提时间，其最佳工艺条件为以60%乙醇水溶液为提取溶剂，料液比为1：30，提取温度50℃，提取时间10min，最终多酚浸提得率为75.13mg/g。

2. 超声波—超滤—大孔树脂联用技术

扬州大学食品科学与工程学院设计了一种以茶树花为原料，采用超声波—超滤—大孔树脂联用技术，从茶树花中提取茶多酚的加工工艺。其加工工艺如图3-16至图3-18所示。

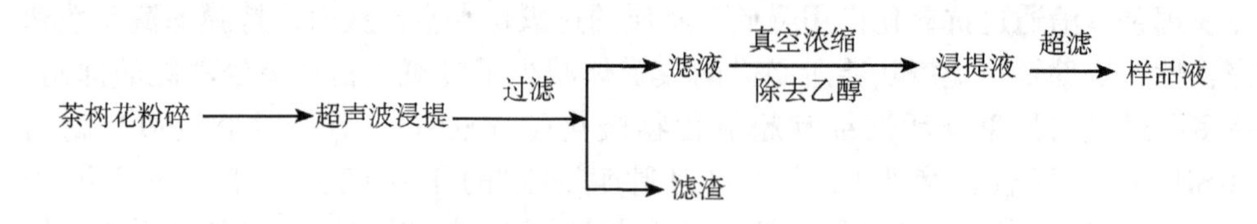

图3-16　样品液的加工工艺

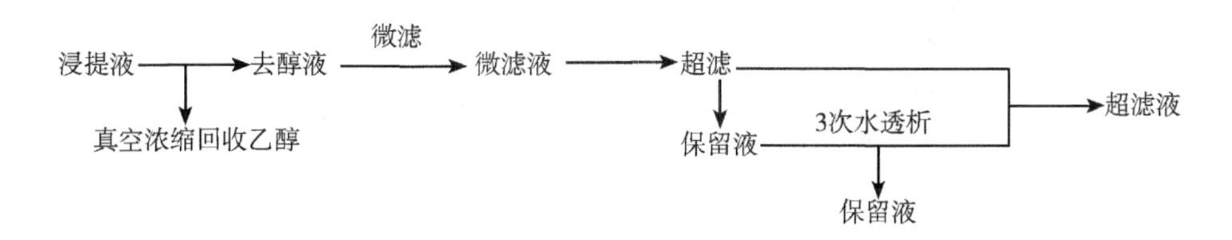

图 3-17 浓缩、微滤、超滤工艺

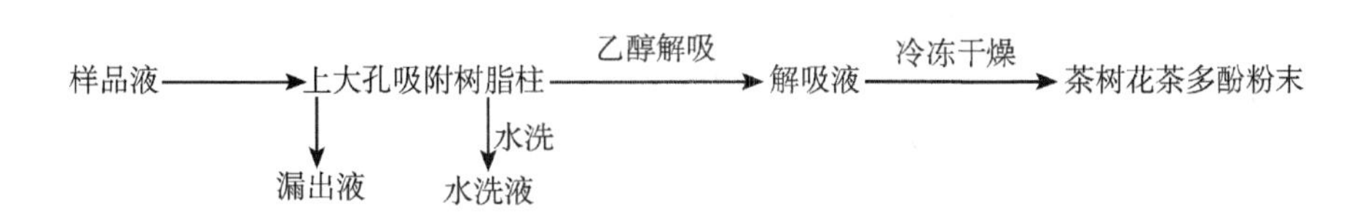

图 3-18 树脂纯化工艺

具体工艺步骤及参数如下。

(1) 茶树花粉末制备

现场采收的鲜茶树花进行真空低温干燥（60~80℃）或床式干燥；床式干燥采用梯度温度烘干，烘干温度为 70~120℃。使干茶树花含水量在 8%以下；再将干茶树花用粉碎机粉碎，粉碎至 30~60 目。

(2) 超声波辅助浸提得提取液

在容器中将花末与浓度为 60%的乙醇按照 1：(20~25) 的重量比混合，静置 4~9h，然后置于超声波浸提釜中，加热至 50~60℃，保温 20~30min，取出过滤得提取液。

(3) 浓缩后经微滤、超滤处理得超滤液

将提取液置入真空浓缩装置，回收乙醇，当容器内提取液体积减少至 1/5~1/3 时，停止蒸发浓缩，向容器中加水至原体积；进行微滤，微滤后进行超滤，选用 MWCO（截留分子质量）在 20~50ku 的膜组件，操作温度 30℃，超滤压力 0.1MPa，流速 6.0mL/s；当超滤进行至料液剩 15%~20%时，加水透析 2~5 次，每次加水量为原干花质量的 4~6 倍。

(4) 大孔树脂吸附，乙醇梯度浓度洗脱得多酚提取液

采用中等极性吸附树脂 HZ-806，将其湿法装入树脂柱，水洗涤平衡后，将上步骤的茶树花多酚超滤处理滤液加入树脂柱进行吸附，检测漏出液多酚浓度达

到初始上柱浓度的10%~20%时停止上柱；用树脂柱体积2~3倍的蒸馏水或5%~10%乙醇水溶液快速淋洗，洗去寡糖、色素、咖啡因等杂质；茶树花多酚采用树脂柱体积3倍的30%~70%乙醇液梯度洗脱树脂层，收集洗脱液得多酚提取液。

（5）制浸膏，干燥制得茶树花多酚精粉

对多酚提取液进行真空浓缩回收乙醇，提取液体积减少为原体积的1/3以下时，取出得浸膏，浓缩的提取液真空干燥、喷雾干燥或真空冷冻干燥制得高纯度茶树花多酚精粉。

整个工艺茶树花多酚提取率可达79.7%，得率约为6.5%。茶树花多酚纯度为85.38%，总儿茶素含量65.98%，其中EGCG含量28.92%。此外洗脱茶多酚的树脂，可分别用树脂柱体积2倍的2%~5%浓度的碱和酸、95%乙醇洗涤，恢复树脂吸附能力。

（三）茶树花中茶多酚儿茶素单体的分离纯化工艺

1. 不同浓度梯度乙醇溶液洗脱分离

在前文超声波—超滤膜—树脂吸附联用新技术提取茶树花多酚工艺的基础上，对吸附柱采用纯水淋洗去杂，梯度洗脱收集体积分数为10%、20%、30%和40%乙醇洗脱物。随着乙醇体积分数的增加，组分流出的顺序依次为：简单儿茶素（C）、咖啡因（CAF）、表儿茶素（EC）、表没食子酸儿茶素（EGC）、表没食子酸儿茶素没食子酸酯（EGCG）、表儿茶素没食子酸酯（ECG）、没食子酸儿茶素没食子酸酯（GCG）、儿茶素没食子酸酯（CG）。体积分数为10%乙醇洗脱液可得到富集咖啡因（13.49%）和简单儿茶素产品；体积分数为20%乙醇洗脱物可得到质量分数为67.39%的EGCG样品，其抗氧化活性强；体积分数为30%~40%乙醇洗脱液可得到富集ECG、EGCG、GCG、CG的儿茶素样品。故HZ-806大孔树脂吸附梯度洗脱是有效制备不同儿茶素的工业化方法。

经过不同浓度梯度乙醇溶液洗脱后得到的洗脱物经过浓缩干燥后可得到平均质量分数为92.25%的多酚精制品，其工艺比直接用体积分数为70%乙醇水溶液洗脱得到的多酚质量分数为85.38%的样品纯度高。其中体积分数为20%乙醇的洗脱组分多酚质量分数为97.71%，是一种简单实用制备高纯度茶树花多酚的方法。

2. SephadexLH-20分离与硅胶层析分离联用

（1）SephadexLH-20预分离

25g葡聚糖凝胶SephadexLH-20用无水乙醇充分溶胀，缓慢倒入层析柱

(1.6cm×50cm)，使其均匀沉降，无水乙醇淋洗以平衡柱子；将茶树花多酚样品以2∶5的质量体积比溶于无水乙醇中，0.45μm的微孔膜过滤，超声排气后缓慢加入柱床表面，待样品完全渗入凝胶后以0.75mL/min无水乙醇洗脱，每5mL收集一管；真空旋转蒸发浓缩脱除溶剂，真空冷冻干燥得成品。

（2）硅胶层析分离纯化

50g硅胶经105℃、1h预活化，用160mL甲苯调成，稀糊状，然后装入层析柱（1.6cm×100cm），以甲苯洗脱至硅胶层稳定，将经预分离的儿茶素用少量丙酮溶解，缓慢将其加入柱床表面，甲苯—丙酮—甲酸（体积比6∶6∶1）为洗脱剂，洗脱流速1.0mL/min，每5mL收集一管。真空冷冻干燥得儿茶素单体。

高效液相色谱测定四种单体儿茶素化合物的纯度，EC纯度为98.9%，ECG纯度为96.8%、EGCG纯度为98.6%、GCG纯度为97.1%。

目前关于茶多酚的研究已经有很多了，不论是对其功效还是对其的提取纯化技术都有较为深入的研究，所用原料一般都是茶叶末。而茶树花作为茶树的副产品，茶多酚成分与茶叶中相似，茶树花中茶多酚含量虽比茶叶中少，但其价格更为低廉，原料量更加充足。如何将从茶叶中提取茶多酚的技术应用于茶树花是接下来关于茶树花中茶多酚提取分离技术的一个研究方向，应进一步改进工艺技术，实现绿色提取、简易提取和高纯度提取，为茶树花提供更为广阔的利用前景。

三、茶树花多糖

多糖（Polysaccharides）是由二十多个到上万个单糖组成的天然高分子化合物，广泛存在与动植物和微生物体内。生物体内多糖除以游离状态存在外，也以结合的方式存在。结合性多糖包括蛋白多糖（与蛋白质结合在一起）和脂多糖（与脂质结合在一起）。

天然多糖按照来源主要分为微生物多糖（真菌多糖与细菌多糖）、动物多糖和植物多糖，其中的植物多糖包括低等植物多糖（藻类为主）和高等植物多糖。据报道，现已从天然产物中分离出300多种多糖类化合物，包括近100种植物多糖。多糖传统意义上有两种重要功能，即作为机体组织细胞的结构物质与能量物质。自20世纪40年代人类发现真菌多糖有抗癌作用以来，大量的药理和临床研究发现，天然多糖具有增强免疫、抗氧化、降血糖、抗病毒等多种生物活性。

茶树花多糖（Tea Flower Polysaccharides，TFPS）是从茶树花中所提取出来的多糖成分。与茶多糖（Tea Polysaccharides，TPS）比较，茶树花多糖的报道还相对比较少。黄阿根等研究发现茶树花中的多糖成分与茶叶中含有的多糖成分基本相同。茶多糖是一类与蛋白质结合的酸性多糖或酸性糖蛋白，研究表明，茶多糖具有防辐射、抗凝血、降血糖、增强免疫功能，并有降血压、耐缺氧、增加冠状动脉血流量和降血脂等作用。茶树花中多糖含量为1.04%~1.84%，高于新茶叶中多糖的含量。将茶树花树多糖进行有效分离，发现茶树花多糖由葡萄糖、阿拉伯糖、半乳糖、半乳糖醛酸、甘露糖、木糖、岩藻糖、鼠李糖等聚合而成，其中以葡萄糖、半乳糖、阿拉伯糖、半乳糖醛酸、甘露糖为主，占摩尔百分比70%以上。

（一）茶树花多糖的功效

由于茶树花多糖的成分与茶多糖相似，故在此将有关茶多糖功效的报道也加以整合，以求为读者提供更为全面的参考依据。

1. 降血糖作用

在我国和日本的民间，常利用粗老茶叶来治疗糖尿病，其主要的有效成分就是茶多糖。茶树花中的茶多糖高于茶叶，可为茶多糖的深入研究提供较好的材料，并继而为今后在医药化工等行业的广泛应用提供原料。

茶多糖降血糖作用随着世界范围内糖尿病发病率的持续增高而得到了日益广泛的关注，关于其降血糖作用的作用机理也有了较为深入的研究，主要有4个方面。一是茶多糖可保护胰岛细胞，促进了胰岛素分泌。有学者将茶多糖拌入饲料喂糖尿病大鼠3周，发现茶多糖有显著抑制糖尿病大鼠血糖升高的作用，与对照组相比，茶多糖组大鼠血胰岛素水平有显著提高（$P<0.05$），其作用机制可能是促进了胰岛细胞损伤的恢复。茶多糖可通过提高机体抗氧化能力和细胞免疫功能保护胰岛β细胞，从而促进胰岛素分泌。二是提高胰岛素敏感性。胰岛β细胞功能异常和胰岛素抵抗是Ⅱ型糖尿病发病的基本环节，持续高血糖可直接损伤β细胞功能和胰岛素敏感性，使得血糖进一步升高，形成恶性循环。PPAR-γ激动剂有提高胰岛素敏感性的作用，是某些抗糖尿病药物（如噻唑烷二酮）的主要作用机理。许多研究表明茶多糖降血糖的作用机制可能是通过激活PPAR-γ而使其介导的胰岛素敏感性增高所致。三是调节糖代谢有关酶的活性。这些调节作用包括增强葡萄糖激酶活性和抑制糖降解酶活性。增强葡萄糖激酶活性可以促进糖的合成代谢从而降低血糖，抑制糖降解酶活性可以抑制葡萄糖转运活性、延缓小肠

对糖的消化吸收。四是提高肝糖原含量，降低血糖。有研究表明茶多糖可通过改善糖尿病小鼠肝脏糖代谢过程增加肝糖原的累积，从而使输出到血液中的葡萄糖减少，使血糖水平降低。

综上所述，茶多糖降血糖的作用是肯定的，它具有多种降糖机制，但其作用机制比较复杂，可能是多途径、多因素的综合作用。若需进一步搞清楚多糖的构效关系，还需进行更加深入的研究。

2. 抗氧化作用

自由基学说认为人体中的活性氧（O_2、OH、H_2O_2）清除过慢或者产生过多就会攻击人体细胞从而加速人体衰老并引发各种疾病。同茶多酚一样，茶多糖经研究证明也是一种非常优良的天然抗氧化剂。

关于茶多糖抗氧化作用的研究分为体外抗氧化活性研究和体内抗氧化活性的研究。体外茶多糖抗氧化活性的评价指标大多为对 O_2、OH 和 DPPH 的清除能力。徐仁杰将从茶树花中提取后的粗茶多糖用 DEAE-纤维素-52 层析柱初步分离后得到 3 个组分 TFPS-1、TFPS-2、TFPS-3。经过 DPPH 自由基清除活性测定，茶树花多糖在 62.5～4000μg/mL 的浓度范围内，茶树花多糖（粗 TFPS、TFPS-1、TFPS-2 和 TFPS-3）具有清除自由基 DPPH 的能力，其清除活性与多糖浓度呈正相关系。相同浓度条件下，清除自由基 DPPH 活性的大小顺序依次是 TFPS-1>粗 TFPS>TFPS-2>TFPS-3。经过超氧阴离子自由基清除活性测定，茶树花多糖具有清除超氧阴离子的活性，其中粗 TFPS、TFPS-3 组分显示出较强的活性。经过羟自由基清除活性测定，与维生素 C 对比，维生素 C 的清除羟自由基的活性最强，在茶树花多糖中，粗多糖具有较强的清除活性，各纯化组分的清除活性较为接近但都不强。经过金属离子螯合能力的测定，粗 TFPS 和 TFPS-1 具有一定的螯合金属离子的能力，而 TFPS-2 和 TFPS-3 螯合能力较弱。聂少平发现江西婺源茶多糖不仅对超氧阴离子自由基和 DPPH 具有较强的清除作用，同时对 β-胡萝卜素—亚油酸体系也表现出抑制作用。

倪德江等研究了不同产地和品种和不同栽培条件的茶多糖体外清除 O_2、OH 能力和四氧嘧啶（Alloxan）诱导的糖尿病小鼠的降血糖作用。结果显示，茶多糖对糖尿病小鼠都有显著的降血糖作用，但不同产地、品种及栽培条件的茶叶在多糖含量、糖醛酸、中性糖和蛋白质含量等方面均存在差异，体外清除超氧阴离子和羟自由基能力、对糖尿病小鼠降血糖作用也不相同。体内抗氧化活性的检测指标主要为超氧化物歧化酶（SOD）、谷胱甘肽过氧化物酶（GSH-Px）、过氧化氢酶（CAT）的活性，因为它们是细胞内主要的抗氧化酶。倪德江等研究发现对糖尿病大鼠灌胃给予乌龙茶多糖一个月后，肝肾超氧化物歧化酶和谷胱甘肽过氧化物酶的活性显著提高，丙二醛（MDA）含量显著下降，显示乌龙茶多糖具有清除自由基作用，能提高糖尿病大鼠的抗氧化能力。

茶多糖的抗氧化活性可能是其预防心脑血管疾病和延缓衰老的作用机制之一。金吉淑等研究了茶多糖体外清除自由基与抗脂蛋白氧化作用。结果表明，在食用茶多糖后受试者血浆中极低密度脂蛋白、低密度脂蛋白和高密度脂蛋白过氧化脂质水平明显降低，说明茶多糖可增强血浆及脂蛋白的抗氧化能力。

3. 免疫调节作用及抗肿瘤功能

茶多糖可以通过增强免疫细胞活性从而抑制肿瘤细胞的增殖。而茶多糖的抗氧化活性可能是其具有增强免疫调节作用的机制之一。韩铨建立小鼠S180肉瘤移植模型，进行抑瘤率计算和免疫调节活性的研究。将茶树花多糖以灌胃形式注入患瘤小鼠体内发现，茶树花多糖低、中、高剂量组的抑瘤率分别为45.5%、60.9%和64.5%；第二十天的存活率分别为40%、60%和90%，对照组小鼠则全部死亡。对于脾脏和胸腺等免疫器官，茶树花多糖使胸腺指数有所上升，对胸腺起到保护作用，但是对脾脏指数没有显著影响。对于具防御和免疫调节功能的巨噬细胞，使用低、中、高剂量的茶树花多糖后小鼠体内巨噬细胞的吞噬指数有显著的提高，表明其对小鼠免疫功能的增强作用。对于迟发型超敏反应（DTH，即抗原进入机体后，T细胞在局部接受抗原信息转化为致敏淋巴细胞。致敏淋巴细胞再次接触相同抗原时，释放出更多的淋巴因子），韩铨通过测量正常小鼠皮肤再次接受相同抗原刺激后的肿胀程度得出结论：低、中、高3个剂量的茶树花多糖能显著提高正常小鼠的迟发型超敏反应。另外，对于细胞因子，主要是白细胞介素-2（Interleukin-2，IL-2）和干扰素（Interferon-2，IFN-2），研究发现中、高剂量组的茶树花多糖能显著增强患瘤小鼠体内IL-2活性和T细胞产生IFN-2的能力，促进机体免疫，参与抗肿瘤调节机制；而低剂量组则对IL-2的活性和IFN-2的含量没有显著性差异。Wang等人水提法提取茶树花多糖后分别用10%、20%、30%、40%、50%、60%、70%、80%和90%的乙醇沉淀茶多糖，从而得到9种不同组分的茶多糖并研究其相关生物活性，结果表明不同组分茶树花多糖对α-葡萄糖苷酶及淋巴细胞增殖均有很强的抑制效果。魏楠等将茶叶提取物茶多糖与阿霉素联用，研究了茶多糖对阿霉素抑制肺癌A549细胞增殖作用的影响，发现茶多糖和阿霉素联用后能够使具有毒副作用的阿霉素在减少用量的同时不改变对肺癌细胞A549细胞的增殖抑制作用。但试验所用的为粗茶多糖并不是提纯后的茶多糖，所以具体的作用机制还需要进一步的研究。

4. 肝保护作用

茶树花粗多糖可有效地保护肝脏，有学者认为其作用机理可能是（至少部分是）通过内源性抗氧化酶（SOD 和 GSH-Px）活性的增强以及丙二醛（MDA）含量的减少来发挥作用的。徐人杰利用四氯化碳建立了肝损伤模型，肝损伤模型组能显著降低肝脏中 SOD 和 GSH-Px 活性，增加 MDA 含量；而茶树花粗多糖组可以显著提高 SOD 和 GSH-Px 活性，降低 MDA 含量，这表明茶树花粗多糖能从抑制脂质过氧化的角度保护肝脏。值得注意的是，在茶树花多糖处理组中，中剂量组表现出最好的效果，而高剂量组的效果比中剂量组低，暗示茶树花粗多糖在高浓度下反而产生了一定的反作用，其机理有待进一步研究。

另外，有学者研究金花茶多糖对肝损伤的保护作用机制时认为，茶多糖对肝的保护作用除了与抗氧化应激密切相关，可能与抗炎机制也有关系。研究发现，金花茶多糖能较好地抑制 NF-κB、IL-1β、IL-6 及 TNF-α 的表达。NF-κB 是重要的炎症转录因子，被激活后可以导致各种促炎细胞因子（如 IL-1β、IL-6 及 TNF-α）的大量产生并参与炎症反应，而促炎细胞因子大量增多又可以反过来激活 NF-κB，形成正反馈调节。这种正反馈调节会加重炎症反应的产生进而加重肝组织的损伤，而金花茶多糖抑制相关因子的表达便可达到保肝的效果。这也可以成为茶树花多糖肝保护作用的一个研究方向。

5. 抗凝血作用

有关茶树花多糖抗凝血的研究文章几乎没有，但是关于从茶叶中提取出的茶多糖抗凝血作用的研究在这几年间已经有所发展。试验证明，茶多糖可以明显抑制血小板的黏附作用并降低血液黏度因而具有抗血凝和抗血栓作用。王丁刚等报道，茶多糖在体内、体外均有显著的抗凝作用，茶多糖体外可显著延长混合人血浆的凝血时间和凝血酶原时间。谢亮亮研究发现，茶多糖是通过内源性系统来影响抗凝血过程。随着茶多糖浓度的增加，活化部分凝血活酶时间（APTT）不断延长，但凝血酶原时间基本没有变化，这都显示茶多糖不是通过外源性途径来影响凝血途径。谢亮亮将茶叶中的茶多糖提取分离后得到 4 个组分 TPS-1、TPS-2、TPS-3 和 TPS-4，其中粗多糖、TPS-2、TPS-3 与凝血酶时间不存在剂量关系，但是 TPS-4 和 TPS-1 存在一定的剂量依赖关系，其中 TPS-4 比 TPS-1 对凝血酶时间更有显著性影响，延长了 46.9%，试验结果显示 TPS-4 是通过把纤维蛋白原转化为纤维蛋白影响凝血过程。

6. 其他作用

茶多糖还有调节肠道健康、抗辐射作用、抗病毒、降血脂等作用，但这些作用研究较少，且大都以茶叶为研究原料，故关于茶树花多糖的生理活性有待进一步研究。

（二）茶树花多糖的提取工艺

根据多糖的提取部位和存在形式的差异，决定是否需要做预处理并确定预处理的方法。根据近些年茶树花多糖的提取工艺研究，主要的提取方法包括溶剂提取法、酶法提取、微波辅助提取和超声辅助提取法。

1. 溶剂提取法

多糖的提取一般采用乙醇、酸或碱作为溶剂，相对乙醇和水，酸或碱提取有一个明显的缺点就是容易破坏多糖的活性及空间结构。从提取速度来看，碱提比热水提取快，但热水浸提提取率更高。

2. 水浴或热水浸提法

采用热水进行粗提时一般要把水温加热到接近沸腾的温度，因此提取成本较高。热水浸提要消耗的时间长，提取出来的组分较复杂，后续的进一步提纯难度大，因此提取效率也较低。

有关热水浸提茶树花多糖的报道较多，但是研究结果中料液比、时间、温度等影响因素的数值有所不同，在此一一为读者列出，供读者参考。

（1）常规水浴浸提法

杨玉明等用水浴浸提茶树花多糖，关注料液比、提取次数、提取时间、提取温度等因素对多糖得率的影响。经过正交试验表明，各因素对茶树花多糖浸提的得率影响大小顺序为料液比、时间、温度，得到最佳的浸提工艺为：料液比 1∶40、浸提温度 90℃、提取时间 120min，在此工艺条件下茶树花多糖提取得率为 2.13%。

（2）热水浸提法

称取 100g 的茶树花将其研磨粉碎，在茶树花粉末中加入氯仿∶甲醇 = 2∶1 的混合液 900mL，剧烈摇晃，重复 4~5 次，直到有机层基本无色为止，将提取渣取出，晾晒挥发有机溶剂。再加入一定体积的蒸馏水加热浸提数小时，连续提取 3 次，合并滤液后 60℃旋转蒸发浓缩至 1/5 体积，在浓缩液中加入 5 倍体积的无水乙醇沉淀多糖，静置过夜沉淀，5000r/min，20min 离心收集沉淀，从茶树花多糖中提取得到的总多糖，湿态下接触空气会氧化变色，因此水提醇沉得到茶树花多糖，应依次用无水乙醇、丙酮、乙醚洗涤，尽可能保留较少的水分，真空干燥或冻干，可一定程度上避免氧化发生。

在单因素试验的基础上，应用响应面法优化茶树花多糖的提取工艺，确定出茶树花多糖热水浸提的提取最佳条件为 21.75 倍量的水，90℃提取 1.89h。

将茶树花多糖粗品用蒸馏水溶解后，Sevag 法脱蛋白，氯仿：正丁醇=4：1，（氯仿+正丁醇）：样品=1：5，充分混合，剧烈震荡 30min，3000r/min 离心 10min，收集上层清液，重复 4 次，直至无变性蛋白层产生。加入 5%的活性炭脱色，3000r/min 离心后过滤活性炭，冷冻干燥后得到茶树花粗多糖 TFP。

（3）顾亚萍的研究

顾亚萍等（2008）经研究提出的茶树花多糖提取方法流程见图 3-19。

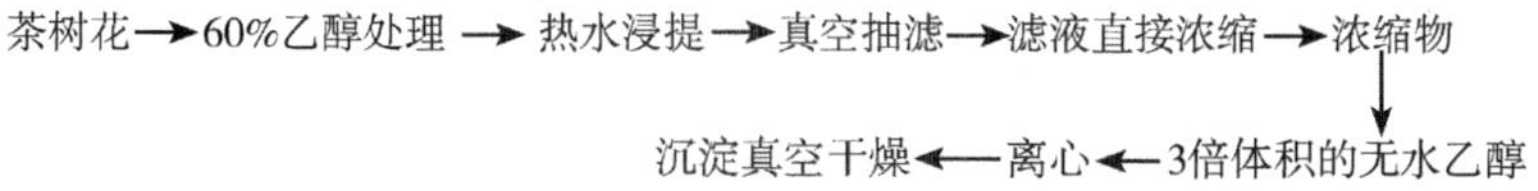

茶树花→60%乙醇处理→热水浸提→真空抽滤→滤液直接浓缩→浓缩物→3倍体积的无水乙醇→离心→沉淀真空干燥

图 3-19 顾亚萍提出的茶树花多糖的提取方法

60%乙醇脱皂素：取一定质量的茶树花粉（粉碎后过 60 目筛）置于圆底烧瓶中，按 1：10（质量体积比）加入 60%的乙醇溶液，80℃水浴搅拌 1h，得到脱脂的茶树花，60℃烘箱干燥 2h，在密封带塞玻璃瓶中保存，阴凉通风处储藏。

热水浸提：取脱皂素后茶树花 5g，料液比为 1：10，温度为 90℃，时间 1.3h。

真空抽滤：先使用绢布对茶树花提取液进行过滤，再用新华中速滤纸进行真空抽气过滤，抽滤时避免产生泡沫，滤液呈透明淡黄色。

滤液浓缩：将澄清后的滤液置于 1000mL 的高烧杯中，置于 100℃水浴上加热浓缩到原体积的一半。冷却至室温，用量筒计算体积。

乙醇沉淀：取 1mL 浓缩液到已知质量的 6mL 的离心管中，加入 4mL 左右的无水乙醇 12000r/min 离心 15min，倒掉乙醇溶液后，可在离心管壁上看到棕色的茶树花多糖。

真空干燥：离心管放于 40℃的真空烘箱中干燥到恒重。离心管的质量增重则为粗多糖的质量。

按照以上的方法，多糖的提取率为 6.50%。

（4）陈小萍的研究

陈小萍等研究发现影响茶树花多糖提取率的主要因素是温度和时间，经过正交实验法确定了黄花云尖茶树花水提多糖的最佳提取参数。

材料预处理：95%的酒精40℃处理茶树花1h，除去茶树花中的醇溶多糖、皂苷等醇溶性物质，真空干燥后（含水率8.14%）粉碎，过60目筛，备用。

提取工艺：称取一定量样品，料水比为1∶10，提取温度为95℃，次数为3次，可得到茶树花多糖的最大提取率。

（5）徐人杰的研究

徐人杰等研究提出热水浸提茶树花多糖方法如下。

材料预处理：将龙井茶茶树花干花粉碎，过60目筛，按1∶15（质量体积比）加入85%乙醇40℃处理1h。移去上清液后重复处理1次，干燥，以除去茶树花中的脂肪、醇溶多糖、皂苷、色素等醇溶性物质。

多糖提取：将经过预处理的材料加去离子水进行热水浸提。料液比1∶20，水浴温度90℃，浸提时间3h，浸提次数3次。将浸提液离心（5000r/min，10min）取上清液，沉淀物用相同方法重新提取，重提液再离心（5000r/min，10min）取上清液。合并几次上清液，置旋转蒸发器50℃左右减压浓缩至原体积的1/4左右，浓缩液加3倍体积无水乙醇（乙醇终浓度为75%）沉淀过夜，离心（5000r/min，10min）取沉淀物，得到茶树花多糖粗提物。

（6）王慧力的研究

王慧力等研究提出热水浸提茶树花多糖方法如下。

材料预处理：将茶树花干花粉碎，按1∶15（质量体积比）加入的80%乙醇70℃水浴处理1h。移去上清液后重复处理1次，抽滤，将残渣于60℃烘干备用。

多糖提取：将经过预处理的材料加去离子水进行热水浸提。料液比1∶25，水浴温度96℃，浸提时间230min，浸提次数2次。将浸提液离心（5000r/min，10min）取上清液，沉淀物用相同方法重新提取，再离心（5000r/min，10min）取上清液。合并两次上清液，置旋转蒸发器50℃左右减压浓缩至原体积的1/4左右，浓缩液加3倍体积无水乙醇（乙醇终浓度为75%）沉淀过夜，离心（5000r/min，10min）取沉淀物，得到茶树花多糖粗提物。

（7）俞兰的研究

俞兰主要针对热水浸提后，醇沉工艺对茶树花多糖的影响进行了研究，选择出最佳的醇沉浓度，以期保证在乙醇的最少用量时，可以醇沉出大部分多糖。研究表明，浸提液浓缩至用手持折射仪测得其可溶性固形物含量为20%时是最佳的浓缩倍数。无论是分级醇沉还是分步醇沉，茶树花水浸提液在醇沉浓度为30%时可沉出大部分茶树花多糖，这可以大大节省乙醇的用量。

3. 乙醇回流提取法

张星海等利用乙醇回流提取茶树花中的茶多糖，发现不同来源的茶树花其总糖含量一般在 16.15%～23.25%。提取方法为称取磨碎茶样 10g，加 80%乙醇 400mL，95℃水浴回流 1h，趁热抽滤，滤渣用 80%热乙醇 50mL 重复洗涤 2 次，以除去单糖等干扰性成分，加水 1L，沸水浸提 60min，滤渣用热蒸馏水 50mL 重复洗涤 2 次，合并滤液，10000r/min 离心分离 10min，去除杂质，浓缩后用 3 倍体积的 95%的乙醇沉淀，7000r/min 离心 10min 得到沉淀物，冻干后得茶树花粗多糖。

4. 酶解提取技术

通过酶的作用分解原料组织，加快有效成分溶出细胞，这样能够大大缩短提取时间，提高了提取效率。为了分解破坏具有纤维素、半纤维素、果胶等这些物质组成的植物细胞壁及细胞间质，在应用时多采用复合酶，这种提取方法具有工艺条件温和、容易提纯、提取得率高和成本低等优点。

俞兰等研究了酶法提取对多糖得率的影响。按表 3-5 的条件下加入戊聚糖复合酶、纤维素酶、葡聚糖酶、中性蛋白酶及果胶酶→90℃灭酶 10min→过滤→渣继续用水提取（水提工艺条件为料液比 1∶8、浸提温度 55℃、提取时间 1h）→过滤、离心→两次清液合并→浓缩→醇沉→沉淀、冻干→多糖样品。

表 3-5　不同酶制剂提取茶树花多糖的最适参考条件

条件	戊聚糖复合酶	纤维素酶	葡聚糖酶	中性蛋白酶	果胶酶
缓冲液 pH 值	4.4	4.8	4	6.6	4.2
温度（℃）	55	55	55	55	55
加酶量（%）	0.06	0.06	0.06	0.5	0.5

数据来源：俞兰，2010 年。

研究结果表明添加中性蛋白酶、纤维素酶、戊聚糖复合酶对多糖得率有明显的提高。其中添加中性蛋白酶后多糖得率为 33.41%，添加纤维素酶后多糖得率为 17.93%，添加戊聚糖复合酶后多糖得率为 18.32%，但是戊聚糖复合酶提取得到的茶多糖的蛋白质含量较低，茶多糖中的酸性糖含量较高，因此提取茶树花多糖一般选择戊聚糖复合酶。

5. 超声波辅助提取方法

超声波技术是一种非常有效的提取生物功能因子的方法和手段。在应力作用下，液体内产生空化作用，产生很强的冲击波和微声流，使细胞壁瞬间破裂。植物细胞内的有效成分能够很快进入溶剂从而提高提取效率。但是超声可能会降解部分可溶性多糖，使其容易溶解于乙醇溶液中，但并不影响水溶性多糖的生物性能。张玲等研究了茶树花多糖的提取方法，通过正交试验确定了最佳提取工艺条件。结果表明，影响茶树花多糖提取各因素的主次顺序为超声波功率、浸提温度、料液比，最佳提取工艺条件为：料液比 1∶20，超声波功率 90W，浸提温度为 70℃，在此工艺条件下茶树花多糖提取得率 1.324%。该研究没有研究超声波辅助提取时间因素，茶树花多糖得率较低。秦德利等利用相应面法优化的最佳工艺条件为超声时间 12min，超声功率 540W，料液比 30∶1，茶树花多糖提取率为 7.69%。

6. 微波辅助提取技术

微波萃取就是利用高频电磁波穿透提取溶剂，造成细胞结构破损，细胞外溶剂容易进入细胞内，有效成分也自由流出到溶剂中。应用微波辅助提取手段能够显著缩短提取时间，提高多糖的提取效率。余锐等利用微波辅助提取技术研究茶树花多糖的提取工艺。通过单因素试验比较了时间温度和溶媒添加量等 3 个因素对茶树花多糖得率的影响，得到最佳的提取工艺条件为：提取温度 45℃，浸提时间 55min，石油醚加量 1300mL，在此条件下得率为（5.08±0.09）%。韩艳丽等利用微波辅助提取技术研究茶树花多糖的提取工艺，正交试验优化最佳工艺为时间 60min，料液比 1∶15，提取温度 50℃，醇沉纯化后提取率为 2.61%。

韩艳丽等将酶法提取和微波法提取工艺进行了综合，研究了果胶酶—微波法综合提取茶树花多糖的工艺。通过单因素和正交实验，在加酶量 1.0%、酶解 pH 值 5.5、酶解时间 2.5h、酶解温度 50℃的条件下，茶树花多糖的提取率最高；茶树花经酶解后，在 700W 微波强度下，微波时间 60s，茶树花多糖提取率达 4.82%。由此可知，果胶酶—微波法明显提高了茶树花多糖的提取率。

7. 超临界 CO_2 萃取技术

利用压力和温度对超临界流体溶解能力，在超临界下，将超临界流体与目标物接触，有选择性地将极性、分子量和沸点不同的成分依次萃取。张星海课题组利用超临界萃取茶树花中的茶多糖，利用响应面法对萃取工艺进行优化：在萃取时间 170min、萃取压力 45MPa、萃取温度 75℃、夹带剂乙醇浓度为 50%条件下，茶树花多糖的实际平均得率为（6.56±0.37）%。但该项技术设备昂贵，而且实验重复性、稳定性较差，不利于推广应用。

（三）茶树花多糖的分离纯化工艺

提取出的茶树花粗多糖，一般需要经过脱蛋白质、脱色、色谱柱分级等纯化工艺。下面针对以上几个步骤进行详细叙述。

1. 脱蛋白质

陈小萍等（2007）指出，脱蛋白质的方法有：Sevage 法、酶法与 Sevage 法联用、鞣酸法、三氯乙酸法。这 4 种方法的机理不尽相同，蛋白酶法是将茶树花多糖中的蛋白质水解，Sevage 法是用有机溶剂使蛋白质变性，鞣酸和三氯乙酸是使蛋白质带正电荷的酸根离子结合变性。陈小萍等发现以上 4 种方法中酶法和 Sevage 法联用脱蛋白质效果最好。但酶解强度不宜过大、时间不宜过长，因为茶树花多糖中有多糖—蛋白质复合物，酶解强度大则会使这部分复合物的生理活性降低。顾亚萍的研究采用了 Sevage 法，最佳操作条件为：先用分液漏斗分离，再使用离心的方法去除蛋白质，这样可以尽可能减少多糖的损失。Sevage 处理的最佳次数为 3 次。

2. 脱　色

常用的脱色方法有 3 种：活性炭脱色法、H_2O_2 脱色法、大孔树脂脱色法。H_2O_2 氧化脱色效果差，原因可能是 H_2O_2 不适合应用于酚氧化酶活性高的茶树花多糖样品。活性炭脱色不易洗脱，会造成多糖成分的损失，故对于茶树花多糖最常用的方法就是树脂脱色。

陈小萍等采用 D-315 型大孔树脂脱色效果较好。顾亚萍采用 DEAE-阴离子纤维素 DE52 柱材料脱色，脱色的最佳条件：缓冲液为 pH 值 6.0 的磷酸盐，流速为 0.8mL/min，每 6min 收集一管。经 DEAE 初分离，可以得到纯度为 87%的 TPS-1 和另一多糖 TPS-2。俞兰等采用树脂静态脱色，筛选后 RJA 型号树脂脱色效果较好，脱色条件为：清液加 RJA 树脂（体积质量比 5∶1），50℃震荡 4h 脱色。

3. 色谱柱纯化

多糖的纯化主要采用色谱法，通常有纤维素阴离子交换剂柱色谱法和凝胶排阻柱色谱法两种。纤维素离子交换剂柱色谱法是利用连接在纤维素上的离子交换基团的静电键合作用对所带电荷大小不同的物质进行分离的一种方法。常见的纤维素阴离子交换剂为二乙基氨基乙基（DEAE）、羧甲基（CM）等，适用于分离各种酸性多糖、中性多糖和黏多糖。凝胶排阻柱色谱法是利用凝胶微孔的分子筛作用对分子大小不同的物质进行分离的一种方法。通常选作填料（固定相）用的微孔凝胶有葡聚糖凝胶（Sephadex G-75、Sephadex G-100 和 Sephadex G-200）、琼脂糖凝胶（Sepharose 2B、Sepharose 4B 和 Sepharose 6B）等。

顾亚萍采用 Sephacryl S-300 进行分离，将树脂脱色过的 TPS-2 上已经预处理的 Sephacryl S-300 柱，使用 pH 值 6.0 的磷酸缓冲溶液洗脱，洗脱速度 0.8mL/min。徐人杰将经过 DEAE-纤维素-52 层析柱得到的 3 个洗脱组分 TFPS-1、TFPS-2、TFPS-3 在 50℃减压蒸发浓缩，浓缩液去离子水透析 48h，透析液真空冷冻干燥得到初步纯化产品，然后将 3 个组分用葡聚糖凝胶 G-100 进行进一步分离纯化，可知 TFPS-1、TFPS-2 可洗脱出两个组分，而 TFPS-3 只洗脱出一个组分，这说明 TFPS-3 是均一多糖。

四、茶皂素

茶皂素，又名茶皂苷，是山茶科山茶属植物茶叶中皂素的总称，是一类齐墩果烷型五环三萜类化合物，广泛存在于茶树的根、叶、种子和花中。2005 年，日本学者 Yoshikawa 等人首次在茶树花中分离出 3 种具有抑制血清甘油三酸酯的茶皂苷成分，这之后 20 余种茶树花中特有皂苷单体被陆续检出，其化学结构、生物活性及两者之间关系也被相继明确。研究发现，茶树花皂苷具有降血脂、保护肠胃、降血糖等生物活性。2007 年日本已经开发出茶树花饮料，可口可乐公司在日本和中国台湾地区销售该产品，并且被批准作为保健饮品。

（一）茶皂素基本结构及理化性质

1. 基本结构

茶皂素又名茶皂苷。茶树中皂苷的基本结构由皂苷元、糖体、有机酸三部分组成。其中三萜类皂苷主要有皂苷元 A、B、C、D、E（即茶皂草精醇 A、B、C、D、E）和华茶皂苷元 B、D（即山茶皂苷 B、D）7 种。糖体部分丰要有阿拉伯糖（Arabihose）、半乳糖（Galactose）、木糖（Xylose）、葡萄糖醛酸（Glucuronic acid）4 种，有机酸包括当归酸、惕格酸、醋酸和肉桂酸等。其中一种常见的分子结构式如图 3-20 所示。

2. 理化性质

（1）物理性质

茶皂素具有山茶属植物皂苷的一般通性，熔点为 223~224℃，味苦辛辣，具有起泡及溶血等作用，其精制品一般为无色无灰的结晶，同时具有刺激鼻黏膜的特性。纯的茶皂素为乳白色或淡黄色固体无定形粉末。茶皂素结晶可稍溶于温水、二硫化碳和醋酸乙酯，易溶于含水的甲醇、含水乙醇、正丁醇、冰醋酸、醋酐和吡啶中，但难溶于冷水、无水甲醇和无水乙醇，不溶于丙酮、乙醚、苯、氯

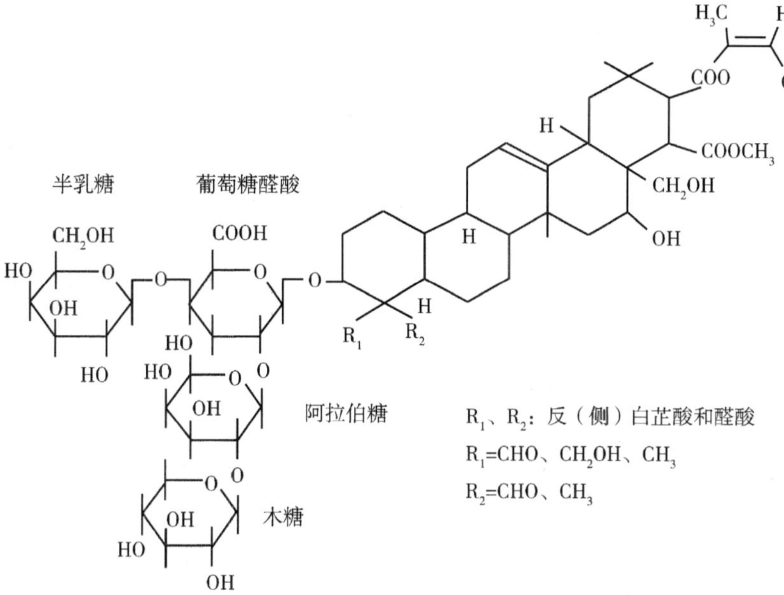

图 3-20　茶皂素的基本结构

仿和石油醚等，在稀碱性水溶液中溶解显著增加。

茶皂素是一种优良的天然表面活性剂，具有发泡、稳泡、乳化、去污、湿润、分散等多种表面活性作用。

（2）颜色反应

三萜类化合物在无水条件下，与强酸、中等强酸或路易斯酸（Lewis 酸）作用后，会产生颜色变化或荧光反应。推测这种颜色反应的主要作用原理可能是由于分子中的羟基脱水后，使双键结构增加，经一系列反应生成共轭双烯系统，在酸的作用下形成阳碳离子盐而显色，这样就解释了有共轭双键的皂苷会很快显色，而孤立双键显色较慢的现象。这些特征的显色反应主要有：Liebermann 反应、Rose-Heimer 反应、Salkowski 反应、Kahlenberg 反应、Tschugaeff 反应。

（3）光谱特征

紫外光谱：一些研究表明，茶叶皂素和茶籽皂素在 215nm 处均有较大吸收峰，但在 280nm 处茶叶皂素有很高的吸收峰，而茶籽皂素没有，这一现象应该是由于茶叶皂苷中有机酸部分的当归酸具有 α、β 共轭双键，而茶籽皂苷中不含有当归酸，虽然皂苷配基中 C_{22} 位的地方有一个双键，但可能因为是环内孤立双键，导致紫外吸收峰很弱，使得紫外吸收峰有所差异。

红外光谱：由于山茶属植物皂苷具有酯皂苷（COOR）和羟基（OH），所以有 $1720cm^{-1}$ 和 $3400cm^{-1}$ 两个吸收带，而不同的皂苷因为结构差异，也会有不同的红外现象。

（4）沉淀反应

皂苷的水溶液与稀硫酸加热可以生成白色沉淀。酸性皂苷（通常指三萜类皂苷）的水溶液一般于乙酸铅、硫酸铵或其他中性盐类反应会生成沉淀，而中性皂苷（通常指甾体皂苷）的水溶液则需要加入一定量的氢氧化钡或碱式乙酸铅等碱性盐类，才能有不溶性沉淀产生。

（二）茶皂素的生理功能

1. 肠胃保护作用

2007 年，Masayuki Yoshikawa 课题组发现茶树花皂苷单体 Floratheasaponins（A，B，C）对胃黏膜损伤修复作用强。2009 年，他们发现福建茶树花甲醇提取物和正丁醇萃取物可以保护因酒精和镇痛药对胃黏膜造成的损伤，指出胃黏膜保护相关的乙酰化的齐墩果烷型配糖结构，探讨了皂苷结构与胃黏膜活动能力。他们认为乙酰化的齐墩果烷型的三萜部分 21 位与 22 位酰基基团和 3-O 型葡萄糖苷酸结构的皂苷与此最为相关。福建茶树花甲醇提取物中特有的皂苷（Chakasaponins）（Ⅰ、Ⅱ、Ⅲ）用量 100mg/kg 时具有明显的加速胃蠕动的功效。

2. 降高血脂、高血压作用

2005 年研究者报道了茶树花皂苷 Floratheasaponins（A，B，C）对吸收了橄榄油的大鼠血浆中的甘油三酸酯的影响。茶树花皂苷能明显抑制大鼠血浆中的甘油三酸酯的升高，茶树花皂苷 C 的作用比另外两种皂苷的作用明显。同时，通过比较 Floratheasaponins（A，B，C）与 Theasaponins（E1，E2）及它们的脱酰基衍生物抗血清甘油三酸酯能力，证明了皂苷 21 号碳和 22 号碳的酰基能提高皂苷的活性，而 23 号碳的酰基则降低这种活性。

3. 抗糖尿病作用

茶树花皂苷单体 Floratheasaponins（A，B，C）于 2007 年被发现有抑制机体糖类吸收作用。Floratheasaponins 类皂苷单体某些特有成分似乎对糖类吸收有着卓越的抑制作用。

4. 抗过敏作用

组胺被认为是即时过敏反应离体试验的脱粒标志物，由受抗原或者脱粒诱导的柱状细胞刺激分离而得。此外，氨基己糖苷酶也被普遍认为是柱状细胞的脱粒标志物，氨基己糖苷酶也储藏于柱状细胞的分泌器官中，当柱状细胞受到免疫刺激的时候也随着组胺一起释放出来。通过监测小鼠嗜碱白细胞（RBL-2H3）释放出的β-氨基己糖苷酶实验可以得出茶树花皂苷 Floratheasaponins（A-F）在不影响β-氨基己糖苷酶活性的基础上，抑制氨基己糖苷酶的释放从而间接抑制细胞脱粒达到抗即时过敏效果。而且，茶树花皂苷 Floratheasaponins（B，E）的抑制作用较强，抑制率均超过50%，且活性比药物 Tranilast、Ketorifenfumarate 更高。

5. 减肥作用

茶树花皂苷 Chakasaponins（Ⅰ、Ⅱ、Ⅲ）甲醇溶物于2009年倍证明具有抑制胰脂肪酶活性的功效，推断 Chakasaponins（Ⅰ、Ⅱ、Ⅲ）21位和22位酰基可能是抑制胰脂肪酶活性的主要部位。

6. 抑菌作用

有学者研究了从茶树花中提取的茶皂素对金黄色葡萄球菌、枯草杆菌、四联球菌和酵母菌的抑菌效果，发现茶皂素对这4种菌都有一定的抑制作用，而且茶皂素对酵母菌的抑制作用尤为显著。茶皂素作为天然的抑菌剂，有很大的研究和开发空间，为天然防腐剂的开发提供了新思路。

（三）茶皂素的提取分离工艺

茶皂苷的含量低，种类多，同分异构体多，结构相似，分离单体皂苷较为困难。日本 Yoshikawa 课题组采用液相色谱、气相色谱、液相色谱—质谱联用、多级质谱联用、核磁共振等技术对茶树花皂苷单体分离鉴定、生物活性做了大量研究并取得相应成果。

2005年，Yoshikawa 通过对日本志贺县茶树花花蕾冷冻干燥，甲醇提取，乙酸乙酯（取水相）、正丁醇萃取（取正丁醇相），再对萃取物依次利用正相硅胶柱色谱、反相硅胶柱色谱高效液相色谱分离纯化，得出3种乙酰化的齐墩果烷型的三萜类茶皂苷，分别命名为 Floratheasaponins（A，B，C）。

我国关于茶树花中茶皂素的提取纯化研究较少。卢雯静等研究了茶树花中皂苷和茶多酚的综合提取技术。她采用正交实验方法对茶树花中茶多酚和茶皂素的综合提取工艺进行优化，分析了浸提时间、料液比、浸提温度、乙醇浓度和超声波功率对浸出率的影响。结果表明，乙醇浓度70%、超声波功率350W、浸提温度60℃、浸提时间10min、料液比为1∶30（质量体积比）时，茶多酚和茶皂素的综合得率最高，分别达到了28.38%和23.69%。

五、黄酮类物质

据研究分析表明，茶树花中含有丰富的黄酮类物质，其含量高于其他花卉。黄酮是影响茶叶颜色和滋味的主要物质，与免疫系统代谢、冠心病形成和血栓的形成等有很大关系，对致癌物质的代谢也有影响，因此黄酮类物质具有一定的抗辐射和抗肿瘤作用。黄酮类物质还具有抗氧化、抗动脉硬化、降低胆固醇、解挛和抑菌等生理活性。另外，茶树花粉中也含有丰富的黄酮类物质，含量高于其他花粉。茶树花粉黄酮对氧自由基致红细胞膜的氧化损伤有保护作用，这可能是茶叶花粉具有抗衰老、保护机体免受外源自由基损伤的主要原因。

（一）黄酮类物质的基本结构及其理化性质

1. 黄酮类化合物的基本结构

黄酮类化合物以前指其基本母核为 2-苯基色原酮的一类化合物。目前是指具有两个酚羟基的苯环通过中央三碳原子联结成的一系列化合物。黄酮类化合物因分子中多具有酚羟基，故显酸性。酸性强弱因酚羟基数目、位置而异。茶树花中还有丰富的黄酮类物质。

黄酮类化合物结构中常连接有酚羟基、甲氧基、甲基、异戊烯基等官能团。此外，它还常与糖结合成苷。根据 B 环连接位置（2 位或 3 位）、C 环氧化程度、C 环是否成环等将黄酮类化合物分为七大类：黄酮（图 3-21）和黄酮醇类、二氢黄酮和二氢黄酮醇类、异黄酮和二氢异黄酮类、查耳酮和二氢查耳酮类、橙酮类、花色素和黄烷醇类、其他黄酮类。

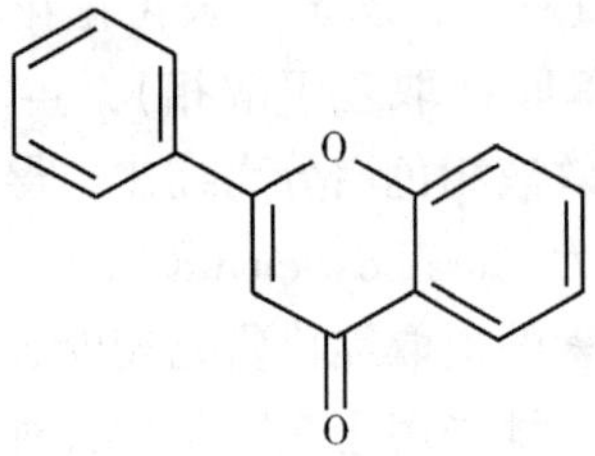

O

O

图 3-21　黄酮分子式

天然黄酮类化合物多以苷类形式存在，并且由于糖的种类、数量、连接位置及连接方式不同可以组成各种各样黄酮苷类。黄酮类化合物不同的颜色为天然色素家族添加了更多色彩。

2. 黄酮类化合物的理化性质

（1）物理性质

黄酮苷固体为无定形粉末，其余黄酮类化合物多为结晶性固体。黄酮类化合物之所以可以呈现出各种各样的颜色是由于其母核内形成交叉共轭体系，并通过电子转移、重排，使共轭链延长，因而显现出颜色。黄酮苷一般易溶于水、乙醇、甲醇等极性强的溶剂中，但难溶于或不溶于苯、氯仿等有机溶剂中，糖链越长则水溶度越大。

（2）显色反应

盐酸—镁粉（或锌粉）反应为鉴定黄酮类化合物最常用的颜色反应，反应机理普遍认为是生成了阳碳原子的缘故。

四氢硼钠（$NaBH_4$）是对二氢黄酮类化合物专属性较高的一种还原剂，产生的颜色由红到紫，深浅不同，而与其他黄酮类化合物均不显色。

黄酮类化合分子由于含有其特殊的结构单元，故常可与铝盐、铅盐、锆盐、镁盐、锶盐、铁盐等试剂反应，生成有色络合物。与1%三氯化铝或硝酸铝溶液反应生成的络合物多为黄色。有时，可利用这个反应和分光光度计对黄酮类物质的含量进行鉴定。

（二）茶树花黄酮的生理功能

1. 抗氧化作用

近年来，越来越多的研究表明黄酮类化合物具有抗衰老的功效，而抗氧化是抗衰老作用的基础。关于抗氧化作用与多种疾病的成因的关系在前文已经讲述了很多，在此不再赘述。

陈小萍等对茶树花中黄酮的提取技术进行了研究并测定了茶树花黄酮提取物的抗氧化效果。他们发现茶树花黄酮提取物对 OH 的清除效果远高于维生素 C，抗氧化能力较强。

日本学者 Ziyin Yang 等对茶树花的乙醇提取物进行分离和鉴定，并对其抗氧化能力进行了研究，结果发现乙酸乙酯萃取部分的抗氧化活性最高，在乙酸乙酯萃取部分中除了分离出 8 种儿茶素，还分离得到了 5 种黄酮苷类物质，并对这 5 种黄酮苷类的结构进行了鉴定。

2. 改善血液循环，降低胆固醇，改善心脑血管疾病

“三高症”即血压高、血糖高、血脂高，这一类疾病严重影响着人们的生活

质量，并且有极高的致残率。冠心病是全球死亡率最高的疾病之一，据统计，我国冠心病死亡人数居世界第二位。很多对冠心病治疗有帮助的中成药都含有黄酮类成分，如舒心酮、立可定等。另外，研究表明，沙棘黄酮、金相黄酮、槲皮素、大豆黄酮等都中黄酮类物质都具有调节心脑血管的作用。在心脑血管调节方面，黄酮类化合物的功效主要体现在对血管脆性、血管通透性、血糖、血脂、胆固醇等的作用。而黄酮具有改善心脑血管疾病的效用是基于它的抗氧化活性。

3. 抗肿瘤作用

抗肿瘤作用是通过清除自由基作用、抑制癌细胞增殖、抑制致癌基因的表达、增强抑癌基因的表达、提高机体免疫力等方面而达到的，黄酮类化合物能有效抑制脂质过氧化引起的细胞破坏。Erhart 等发现黄酮类化合物能通过激活 Caspase 家族多个蛋白酶并且减少抗凋亡因子 Bcl-2 蛋白的表达而诱导 HCT-116 结肠癌细胞的凋亡。Orawan Khantamat 等研究发现黄酮类化合物对人源宫颈癌细胞增殖有抑制作用。这些都可说明黄酮类化合物可以研发为治疗癌症的药物。

4. 抗菌及抗病毒作用

大量研究表明黄酮可通过破坏细胞壁及细胞膜的完整性，致使微生物细胞内成分释放而引起核苷酸合成等功能障碍，从而阻止微生物的生长，达到抑菌、抗病毒的作用。梁英等在研究黄芩中黄酮类成分的药理作用的时候，提到其对金黄色葡萄球菌、大肠杆菌等多种常见菌类均有明显的抑制作用。石铖等利用色谱、波谱等技术从银翘散抗流感病毒有效部位位群中分离出 6 种黄酮类物质，因而推断其为抗流感作用的物质基础之一。

5. 抗炎、镇痛作用

炎症反应是一个复杂的生理、病理过程，既是一种保护性防御反应，也是引起人类多种疾病的通路。胡明亮研究发现槲皮苷可抑制右旋糖苷、角叉菜胶、缓激肽、5-羟色胺、组胺等多种致炎因子引起的大白鼠足跖水肿和小鼠耳肿胀，降低小鼠腹腔毛细血管通透性，且随剂量的增大抑制作用明显增强。陈皮苷和芦丁对急性、慢性炎症作用明显，而在慢性炎症的抗炎作用中芦丁作用更为显著。

6. 抗肝脏毒性作用

新陈代谢过程中肝脏起着重要作用，这个重要的器官不断地从血液中获取营养物质，很容易遭受有毒物质的影响而损伤肝功能。肝病的诊断和愈后评价有两个重要的指标：谷丙转氨酶（ALT）、谷草转氨酶（AST）。有研究表明，黄酮类化合物能显著降低二者活性，进而减轻肝组织损伤程度，提高肝脏功能。

（三）茶树花黄酮的提取分离及纯化技术

黄酮类化合物的提取方法主要有热水提取法、有机溶剂萃取法、双水相萃取法、酶解法、超声和微波辅助萃取法、超临界流体萃取法等；分离纯化的方法主要有传统柱色谱法、吸附树脂纯化、膜分离纯化技术、高效毛细血管电泳法、高速逆流色谱分离法等。

关于茶树花黄酮的提取分离，陈小萍等首先对茶树花物料粒度和提取剂进行研究，经筛选确定了选择60目的物料粒度采用乙醇作为提取剂，并对热回流和超声波振荡两种提取方式进行优化。结果表明，热回流提取的最优工艺为：提取剂选95%的乙醇，料液比为1∶15（质量体积比），提取温度为80℃，提取时间为90min；超声波振荡提取最优工艺：提取剂选95%的乙醇，料液比为1∶30（质量体积比），提取温度为45℃，提取时间为80min。另外，超声波结合热提法获得的茶树花黄酮提取物对羟自由基的清除效果最好，远高于维生素C，抗氧化能力强。光谱扫描的结果显示，该黄酮类化合物可能以黄酮醇类为主。高抗氧化活性的黄酮类物质可以进一步应用于食品、化妆品和保健品等行业。

茶树花黄酮的提取分离研究较少，在黄酮的酶解法、超滤法、膜分离技术等的基础上，对茶树花中黄酮的提取方案应该做更多的实验研究。

对于茶树花黄酮的研究，笔者认为今后还需要大量的实验研究来丰富和完善相关内容。第一，参考茶叶或其他物质中黄酮的提取分离技术，在传统方式的基础上，对茶树花中黄酮的提取尝试采用更多的工艺，验证方案的可行性。第二，对提取出的茶树花黄酮进一步做分子层面的研究，确定茶树花中所含的黄酮化合物的主要种类及基本结构式，为今后茶树花黄酮的定量测量提供理论基础。第三，根据以往关于黄酮的资料表明，黄酮具有很多对健康有益的生物活性，而茶树花黄酮的生理功能目前只研究了抗氧化功能，其他功能的验证与功效程度的比较还需要更多的实验进行支持。

六、超氧化物歧化酶（SOD）

超氧化物歧化酶（Superoxide Dismutase，简称SOD）是一种天然抗氧毒害的保护性酶，能清除生物体内过量的氧自由基，属于酸性蛋白酶，活性中心含有金属离子。SOD应用于医药、食品添加剂及日用化妆品等。曹碧兰报道，用SOD膏剂治疗银屑病和神经皮炎有效率为70%以上，治疗皮炎、湿疹有效率为57%；

外用 SOD 复合酶软膏治疗湿疹、局部瘙痒症和神经性皮炎有效率为 80%左右。

茶树花粉中超氧化物歧化酶为 Cu/Zn-SOD。苏松坤测定出浙江淳安茶树花花粉中 SOD 的活性为 203.80U/g。翁蔚对不同品种、不同开花状态茶树花中 SOD 活力进行统计分析，结果表明，茶树花品种对 SOD 活力的影响达极显著水平，开花状态差异达显著水平，品种和开花状态互作与采花时间对 SOD 活力的影响不显著。

(一) SOD 的生理活性

超氧化物歧化酶可以催化如下反应：$2O^{2-}+2H^{+} \rightarrow H_2O_2+O_2$。

O^{2-}为超氧阴离子自由基，是生物体多种生理反应中自然生成的中间产物，是活性氧的一种，具有极强的氧化能力，是生物氧毒害的重要因素之一。尽管过氧化氢仍是对机体有害的活性氧，但体内的过氧化氢酶（CAT）和过氧化物酶（POD）会立即将其分解为完全无害的水。这样，3 种酶便组成了一个完整的防氧化链条。正是因为 SOD 可以催化如上反应，故具有良好的抗氧化性质。

当人体中产生大量氧自由基时，会对人体健康产生一系列影响，会间接性诱发各种癌症、炎症和糖尿病等，因此通过在食物中加入适量的 SOD，或补充食入适量的 SOD，可以有效调节和降低食品中及机体中过量的氧自由基的积累，从而能够有效保护人体细胞不受到过量氧自由基的破坏，延缓细胞的衰老过程，最终使人的生命得到健康延寿。目前国外 SOD 在临床上已经取得许多积极的成果，比如局部注射 SOD 治疗烧伤与创伤、治疗风湿性关节炎和类风湿炎、治疗动脉粥样硬化、抗压力和疲劳、减少心肌氧化损伤等，都被证明是有效的。

(二) 茶树花粉中 SOD 的提取纯化

何晓红设计了提纯茶树花粉 SOD 的工艺，具体如下。

1. 获得粗提液

称取 500g 新鲜茶树花粉，按 1：2（质量体积比）加入 pH 值为 7.8、25mmol/L 磷酸钾缓冲液（PBK），加入石英砂少许，冰浴中研磨成浆，于-70℃冰箱反复冻融 3 次；4℃、1000r/min 离心 20min，去沉淀和上层脂类物质，中层清液为 SOD 粗提液。

2. 盐析分离、透析除盐

0℃缓慢加入固体硫酸铵到粗提液中，至饱和度为 35%。4℃放置过夜，4000r/min 离心 20min，收集上清液。在上清液中继续缓慢加入固体硫酸铵至饱和度为 55%，4℃放置过夜。离心弃上清液，沉淀用 PBK 溶解透析 72h 获得粗酶液。

3. 层析纯化

将粗酶液上到已用 PBK 平衡好的 DEAE-52 离子交换柱（3.0cm×35cm），用分别含 0.1mol/L、0.2mol/L、0.3mol/L 及 0.5mol/L NaCl 的 PBK 进行分段洗脱，收集酶活力峰。透析除盐，冻干后用蒸馏水溶解，上 Sephadex G-100 分子筛层析柱（1.0cm×100cm），用 PBK 洗脱，收集酶活力峰。将获得酶液冻干后用 1.5mol/L $(NH_4)_2SO_4$ 溶解后上已用 1.5mol/L $(NH_4)_2SO_4$ 平衡过的 Phenyl Sepharose™6 Fast Flow 疏水层析柱（1.5cm×15cm），分别用 0.75mol/L $(NH_4)_2SO_4$、0.1mol/L $(NH_4)_2SO_4$ 及蒸馏水进行分段洗脱，收集酶活力峰获得纯酶。一共可获得 13943U 的纯酶，酶活力为 4034.4U/mg。

目前 SOD 制备的原料主要采用动物或微生物，由于疯牛病的影响，使得人们开始顾虑从动物血中提取某些成分的安全性。已有研究表明，茶树花花粉中 SOD 的活性较高，且耐热性较好，故深入研究茶树花中 SOD 的活性、含量及性质，进而从中提取、纯化 SOD 作为食品、医药等行业的原料，也是茶树花利用的一个方向。

七、过氧化氢酶（CAT）

过氧化氢酶（Catalase，简称 CAT）是催化过氧化氢分解成氧和水的酶，存在于细胞的过氧化物体内。过氧化氢酶是过氧化物酶体的标志酶，约占过氧化物酶体总量的 40%。过氧化氢酶存在于所有已知动物的各个组织中，特别在肝脏中以高浓度存在。

几乎所有的生物机体都存在过氧化氢酶。其普遍存在于能呼吸的生物体内，主要存在于植物的叶绿体、线粒体、内质网，以及动物的肝和红细胞中，其酶促活性为机体提供了抗氧化防御机理。过氧化氢酶不同的来源有不同的结构。在不同的组织中其活性水平高低不同。过氧化氢在肝脏中分解速度比在脑或心脏等器官快，就是因为肝中的 CAT 含量水平高。

苏松坤等测定茶树花粉中过氧化氢酶的活性可达 321.90U/g。

（一）过氧化氢酶的结构与生理作用

绝大部分的过氧化氢酶是包含了铁血红素的蛋白酶，亦即以铁卟啉为辅基的氧化还原酶类。一般其蛋白质部分由 4 个相同的亚基组成，每个亚基含有一个铁血红素，整个酶分子量在200~350kD。除此之外，在极少数的细菌中也发现了不含有亚铁血红素的过氧化氢酶，这类酶的活力中心包含有两个二价的锰原子。

过氧化氢在体内含量较高时，会对动植物细胞的多种蛋白质、脂肪、糖类和DNA产生破坏作用，而过氧化氢酶的存在能够催化2分子的水和1分子的氧气，减少细胞中过氧化氢的含量，使细胞中的过氧化氢维持在一个合适的水平，从而消除过氧化氢对生物体细胞的破坏作用。

（二）过氧化氢酶的应用

过氧化氢酶在食品工业中被用于除去用于制造奶酪的牛奶中的过氧化氢。过氧化氢酶也被用于食品包装，防止食物被氧化。在纺织工业中，过氧化氢酶被用于除去纺织物上的过氧化氢，以保证成品是不含过氧化物的。它还被用于隐形眼镜的清洁：眼镜在含有过氧化氢的清洁剂中浸泡后，使用前再用过氧化氢酶除去残留的过氧化氢。此外，在美容业中，一些面部护理中加入了该酶和过氧化氢，目的是增加表皮上层的细胞氧量。

过氧化氢酶在实验室中还常常被用作了解酶对反应速率影响的工具。

国内外关于过氧化氢酶的分离纯化工作都已经得到了极为广泛的关注，然而与此相对，茶树花中甚至是茶树中过氧化氢酶的研究相对罕见，分离纯化更是尚未有人研究过。因此，该方向还有许多工作需要进行。

八、氨基酸、蛋白质

氨基酸是茶叶的主要化学成分之一，茶叶中氨基酸的组成、含量以及他们的降解产物和转化产物直接影响茶叶品质，特别是某些氨基酸与茶叶的滋味和香气关系密切，是构成茶叶品质极其重要的成分之一。故茶树花中氨基酸的种类和含量也可能对茶树花茶的品质有极其重要的影响。

刘祖生等对云南大叶种茶树鲜花进行测定表明，茶树花中氨基酸含量为2. 84%。田国政等测定茶树花中主要营养成分发现，茶树花中蛋白质含量为4. 67%，蛋白质含量明显高于茶叶的平均水平。苏松坤等对茶树花粉营养成分的测定结果表明，茶树花粉中蛋白质含量为29. 18%。赖建辉等对茶树花粉中水解氨基酸、必需氨基酸和游离氨基酸进行测定，结果表明，茶树花粉中氨基酸种类齐全，与其他天然花粉一样，脯氨酸的含量很高，水解必需氨基酸和游离氨基酸的总量均高于油茶树花粉和混合花粉。

茶树花粉具有高蛋白、低脂肪的特点，可作为天然蛋白质和氨基酸的重要来源。茶树花粉中的氨基酸不仅含量高，而且质量高。茶树花粉氨基酸含量高达23.57%，其氨基酸含量是常用花粉之首，其中缬氨酸、甲硫氨酸、异亮氨酸、亮氨酸、苯丙氨酸、赖氨酸等人体必需氨基酸含量较为丰富，而且必需氨基酸的配比接近或超出FAO/WHO颁发的标准模式值。

九、微量元素和维生素

茶树花粉微量元素含量较高。Mn含量是普通花粉的30多倍，Zn的含量也比普通花粉高，铬的含量是普通花粉的10倍。吕文英采用原子吸收法测定了葵花粉和茶树花粉中Zn、Fe、Ca、Mg、Cu、Mn、K、Na的含量，结果表明，Mn在茶树花粉中的含量是葵花粉的16倍，而Fe、Zn的含量在两种花粉中差别不大，K、Mg、Na、Cu的含量均为茶树花粉高于葵花粉，只有Ca的含量葵花粉高于茶树花粉。

茶树花粉中维生素A、维生素D、维生素B_2等多种维生素的含量丰富。维生素类化合物具有多种生理功能，是维持人体生命活动的微量营养成分。茶树花粉中维生素A、维生素D、维生素B_1、维生素B_2、维生素C、维生素E、维生素K的含量（mg/100g）分别为7.9mg/kg、0.2mg/kg、0.9mg/kg、27.4mg/kg、12.0mg/kg、66.0mg/kg和3.0mg/kg。

与油菜、荞麦、玉米、向日葵4种作物的商品花粉相比，茶树花粉还原糖含量居中，蛋白质、氨基酸和维生素B_2含量最高，脂肪含量最低。茶树花粉中丰富的营养成分及合理的配比使其具有一般花粉能增强免疫力、抗疲劳、保护皮肤、抗衰老、调节肠胃功能等作用，同时对心脑血管、前列腺、肝脏等具有保健作用。

茶树花粉除了高营养保健价值外，产量上也很有潜力，具有良好的开发前景。茶树花花粉开发与茶叶有一个很大不同，茶叶一般是经冲泡饮用茶汤，而茶树花粉可以直接食用。目前茶树花粉的深加工产品主要集中在茶树花干花粉产品、花粉微粒添加剂、化妆品系列产品添加剂等，应用市场广阔。

十、茶树花香气成分及茶树花精油

（一）植物精油简介

植物精油是植物体内的次生代谢物质，由分子量相对较小的简单化合物组成，常温下为能挥发的油状液体，具有一定芳香气味。植物精油所含的化学成分比较复杂，按化学结构可分为脂肪族、芳香族和萜类三大类化合物以及它们的含氧衍生物（如醇、醛、酮、酸、醚、酯、内酯等），此外还有含氮和含硫的化合物。

植物精油的应用范围很广。在医学领域，植物精油在去痛、降压、消炎、提高免疫活力、保健等方面得到了广泛的应用。在化妆品方面，植物精油被广泛应用于香水、香皂、洗面奶、护肤露等各种化妆品。此外植物精油在饲料和食品添加剂等方面也有广泛的应用。另外，美国专利通过大量事例介绍了柑橘属精油的萜烯部分（主要含柠檬烯）可用于制取各类杀虫剂，经过添加一些表面活性剂、乳化剂和水的复配，可制成一种高效、低毒、多功能的卫生消毒杀虫剂，获得国际红十字会的推荐。

（二）茶树花香气的研究进展

茶树花具有独特花香，其香气清香带甜，令人愉快。其香精油中的主要挥发性成分为2-戊醇、2-庚醇芳樟醇及其氧化物、苯乙酮、橙花醇、香叶醇等，其中苯甲醛和苯乙醇的相对含量特别高，橙花醇的含量也较高。脂肪族醇、醛、酮，芳香族醇、醛、酮，以及菇烯醇类化合物，构成了茶树花精油的香型。茶树花香精油的含量丰富，初展态的茶树花香精高达311.78μg/g。从茶树花提取精油中分离天然香料，用于各种香精香料的调配，或将之应用于化妆品、洗护产品、医药及食品等多个行业。

梁名志等发现茶树花有芳香，其芳香物质以酚类为主，酸类次之，烷烃类、醋类、酮类和醇类含量依次减少，并且一般采摘初开的茶树花，以晨露初干之后为上。

顾亚萍等用石油醚浸提获得了茶树花干花浸膏再得到精油，并利用气相色谱—质谱联用仪分析测定茶树花香气成分，研究结果表明浸膏和精油得率分别为1.66%和10.4%，精油中的主要成分包括棕榈酸、丁二酸、咖啡因、邻苯二甲酸二异丁酯等25种。

游小清等分析鉴定了茶树花精油中的26种挥发性成分，主要包括2-戊醇、2-庚醇、苯甲醛、芳樟醇及其氧化物、苯乙酮、香叶醇、2-苯乙醇等，其中橙花醇、苯甲醛和苯乙酮的相对含量较高，脂肪族醇、醛、酮，芳香族醇、醛、酮，以及萜烯醇类化合物构成了茶树花精油的主要香气成分。同时，初步探讨了不同品种的茶树花开花过程中挥发性成分和萜烯指数的变化，在开花过程中其芳樟醇类、香叶醇以及橙花醇的含量都有较明显的变化，但萜烯指数变化较小。茶树花中挥发性成分受加工的影响较小，相对茶叶具有更稳定的遗传特性，因此可以将茶树花中萜烯指数作为茶树品种特性。

（三）茶树花精油的提取

精油的传统提取方法多采用常压水蒸气蒸馏法、溶剂萃取法、压榨法、微波辅助提取和吸收法（用油脂、活性炭、大孔树脂等吸附）、超临界 CO_2 萃取法等。有关茶树花精油的提取研究较少，在此介绍两种茶树花精油的提取方法。

1. 超临界 CO_2 萃取法

金玉霞等使用超临界 CO_2 萃取法对茶树花精油提取、分离的研究表明：在压力 30MPa、温度 40℃、静态萃取 10min，动态萃取 90min 条件下茶树花精油的得率最高，为（1.208±0.094）%，纯化得到植酮、十九烷、二十一烷、二十三烷、甲基丙烯酸乙二醇酯等香气成分。

2. 溶剂提取法

（1）茶树花浸膏的制备

取茶树花干花 50g 左右，置于自制的回流提取器中，按固液比 1∶10 加入石油醚作为提取溶剂，在 65℃下搅拌回流提取 1h，倒出石油醚后，再在同样条件下重复提取 3 次。合并石油醚浸提液，40℃真空浓缩到近干后，置于 40℃的真空烘箱中烘至恒重得到浸膏。

（2）茶树花精油的制备

浸膏中加入无水乙醇（料液比为 7∶1），稍加温溶解，室温过滤，弃去残渣。冰箱中冷藏 12h，趁冷真空抽滤，就能得到金黄色的茶树花精油的乙醇溶液。真空浓缩，回收乙醇到近干，再置于 40℃烘箱中恒重后就可得到深绿色的茶树花精油。

（3）加工粉末香精

称取一定量的 β-环糊精（精确至 0.0001g），溶于 50℃的乙醇溶液（用无水乙醇与水以 1∶2 比例混合形成），搅拌均匀制得饱和环糊精溶液。称取茶树花精油 1g（精确至 0.001g）用少量无水乙醇溶解，并缓慢加入上述环糊精溶液中。在磁力搅拌器上搅拌 1h，搅拌温度为 50℃，搅拌速度为 400r/min，制得乳状液。冷却后于冰箱中 0～5℃冷藏 24h。抽滤后用少许蒸馏水及石油醚（沸程为 60～90℃）清洗微胶囊至无精油的气味。40℃真空干燥至恒重，得到茶树花粉末香精。

利用 β-环糊精可将茶树花精油制成茶树花粉末香精，微胶囊化率为 4.88%。

茶树花香精不仅使用方便，而且扩大了茶树花精油的使用范围，可长期贮存供加工使用。

十一、结　语

茶树花是茶树的一大资源。研究表明，成龄茶园每亩可采鲜花的 200～300kg，我国茶区茶树花资源相当丰富，但茶树花这一大自然资源一直未能充分利用。本章介绍了茶树花中主要的活性成分并对其功能和提取方法进行概述，期望为今后茶树花方面的发展可带来一定的帮助。

另外，茶树花在民间早有应用，如泡酒、入茶、防止食品变质等。浙江大学李博等根据 GB 15193. 1—2014《食品安全国家标准　食品安全性毒理学评价程序》，对茶树花进行了急性毒性试验、遗传和致畸毒性试验及亚慢性毒性试验，对其安全性进行评价。结果表明龙井 43 茶树花在测试剂量范围内无任何负面作用，这为其在食品、饮料、化妆品、医药等领域的应用安全性提供了重要的依据。在我国，有很多茶树花企业通过对照实验和案例研究的方式，对茶树花的民间应用进行了论证。如新茶树花（杭州）文化传媒有限公司通过对不同年龄、不同身体状况、不同饮食习惯和不同生活地区的群体发放该公司利用茶树花所研发的代餐包、酵素锭、酵素液、外用化妆品等茶树花产品，并对服（使）用一段时间后的实验人群进行回访发现，大部分服（使）用人群反映身体在服（使）用后变得更加轻快，精神状态和身体代谢有了显著改善。据实验反馈可以看出，茶树花制品具有普遍的利便保健功效，对肠垢堆积、宿便寄居、毒素沉淀等常见肠道问题有一定缓解作用，并有助于解决便秘、痔瘘、口臭、失眠多梦、皮肤痤疮、食欲不振、疲劳困倦等相关症状。除了进行对照实验和试用者回访，相关企业在大力发展茶树花产业的过程中还采用了科学普及、问题释疑、团建集训等方式进行推广，使茶树花及茶树花产品得到越来越多的认可（附录Ⅰ）。

主要参考文献

陈小萍，张卫明，史劲松，等，2007. 茶树花黄酮的提取及对羟自由基的清除效果［J］. 南京师大学报（自然科学版），30（2）：93-97.

陈小萍，张卫明，史劲松，等，2007. 茶树花水提多糖的精制工艺初探［J］. 食品科技（4）：72-76.

顾亚萍，2008. 茶树花的综合利用——茶树花中多糖和香气成分的提取与分析［D］. 无锡：江南大学 .
顾亚萍，钱和，2008. 茶树花香气成分研究及其香精的制备［J］. 食品研究与开发（1）：187-190.
郭春宏，李正翔，2009. 茶多酚免疫药理作用研究［J］. 天津医科大学学报（1）：102-104.
韩艳丽，凡军民，李静，等，2015. 茶树花多糖微波辅助提取工艺［J］. 江苏农业科学（2）：273-275.
韩艳丽，凡军民，李静，等，2017. 果胶酶—微波法提取茶树花多糖的工艺［J］. 江苏农业科学（2）：166-168.
何晓红，王雪松，陈智博，等，2006. 茶花粉超氧化物歧化酶的性质研究［J］. 食品科学（4）：85-88.
黄阿根，董瑞建，鲁茂林，等，2008. 茶树花多酚粗提物分离纯化及抗氧化性［J］. 农业机械学报（12）：107-111.
黄阿根，董瑞建，韦红，2007. 茶树花活性成分的分析与鉴定［J］. 食品科学（7）：400-403.
黄思茂，曹后康，高雅，等，2016. 金花茶多糖对四氯化碳致小鼠急性肝损伤的保护作用及其机制的研究［J］. 中药药理与临床（6）：117-120.
金玉霞，2010. 茶树花精油提取及其抗氧化和抑菌作用的研究［D］. 杭州：浙江大学 .
赖建辉，檀华蓉，李晋玲，等，1996. 茶花氨基酸含量及茶皂戒对蜜蜂的毒性试验［J］. 农业环境保护（6）：251-253.
李博，2010. 茶花的安全性评价及茶黄素和茶籽黄酮苷对呼吸链酶作用机理的研究［D］. 杭州：浙江大学 .
梁名志，浦绍柳，孙荣琴，2002. 茶花综合利用初探［J］. 中国茶叶（5）：16-17.
卢雯静，2012. 茶树花中茶皂素和花多酚的综合提取、分离纯化及抑菌性研究［D］. 合肥：安徽农业大学 .
倪德江，陈玉琼，谢笔钧，等，2004. 绿茶、乌龙茶、红茶的茶多糖组成、抗氧化及降血糖作用研究［J］. 营养学报（1）：57-60.
聂少平，谢明勇，罗珍，2005. 茶叶多糖的抗氧化活性研究［J］. 天然产物研究与开发（5）：20-23.

潘喜华，杨隽，郑勇英，等，2000. 茶多酚调节免疫、抑制肿瘤及抗衰老作用的研究［J］. 上海预防医学杂志（2）：9-11.
秦德利，贾坤，窦珺荣，等，2015. 茶树花多糖超声波辅助热水浸提工艺优化［J］. 食品工业科技（4）：215-218.
饶耿慧，2008. 茶树花不同花期主要生化成分的变化［J］. 福建茶叶（1）：21-23.
苏松坤，陈盛禄，林雪珍，等，2000. 茶花粉营养成分的测定［J］. 中国养蜂（2）：3-5.
汤雯，屠幼英，张维，2011. 茶树花皂苷提取分离、化学结构及生物活性研究进展［J］. 茶叶（3）：137-142.
田国政，王东辉，周光来，等，2004. 茶树花营养成分的分析与评价［J］. 湖北民族学院学报（自然科学版）（2）：26-28.
王丁刚，王淑如，1991. 茶叶多糖心血管系统的部分药理作用［J］. 茶叶，17（2）：4-5.
王慧力，2014. 茶树花多糖提取条件的优化、纯化及其结构鉴定［D］. 南京：南京农业大学.
王秋霜，赵超艺，凌彩金，等，2009. 国内外茶树花研究进展概述［J］. 广东农业科学（7）：35-38.
王伟伟，张铁，张维，等，2015. 茶树花活性成分的提取、分离及生理功效研究进展［J］. 食品工业（1）：218-222.
魏楠，朱强强，陈际名，等，2016. 茶多糖对阿霉素抑制肺癌 A549 细胞增殖作用的影响［J］. 茶叶科学（5）：477-483.
伍锡岳，熊宝珍，何睦礼，等，1996. 茶树花果利用研究总结报告［J］. 广东茶业（3）：11-23.
谢亮亮，2012. 茶多糖的分离纯化及其抗凝血活性研究［D］. 芜湖：安徽工程大学.
徐人杰，2010. 茶树花多糖的提取、分离纯化、结构及其生物活性［D］. 南京：南京农业大学.
杨节，2014. 茶树中过氧化氢酶的初步研究［D］. 杭州：浙江大学.
杨普香，刘小仙，李金文，2009. 茶树花主要生化成分分析［J］. 中国茶叶，31（7）：24-25.
杨玉明，马娟娟，黄阿根，2009. 茶树花多糖提取工艺研究［J］. 中国酿造

（11）：109-112.

叶乃兴，杨江帆，邬龄盛，等，2005. 茶树花主要形态性状和生化成分的多样性分析［J］. 亚热带农业研究（4）：32-35.

游小清，王华夫，李名君，1990. 茶花的挥发性成分与萜烯指数［J］. 茶叶科学（2）：71-75.

余锐，2012. 茶树花的超临界 CO_2 萃取及其浸膏的功能性研究［D］. 广州：华南理工大学 .

俞兰，2010. 茶花多糖的分离、纯化及其结构初步探讨［D］. 上海：上海师范大学 .

袁祖丽，孙晓楠，2010. 茶树花主要生化成分及香气成分分析［C］. 武夷山：第六届海峡两岸茶业学术研讨会.

张玲，于健，李继光，2011. 茶树花多糖的提取研究［J］. 食品工业（6）：78-79.

张文明，陈朝银，韩本勇，等，2007. 茶多酚的抗病毒活性研究［J］. 云南中医学院学报（6）：57-59.

张星海，2016. 茶树花新资源中多糖提取技术研究现状［J］. 中国茶叶加工（2）：38-41.

Han Q，Ling Z J，He P M，et al.，2010. Immunomodulatory and antitumor activity of polysaccharide isolated from tea plant flower［J］. Progress in Biochemistry and Biophysics，6（37）：646-653.

Wang Y，Yu L，Wei X，2012. Monosaccharide composition and bioactivity of tea flower polysaccharides obtained by ethanol fractional precipitation and stepwise precipitation［J］. Cyta-Journal of Food，4（10）：1-4.

第四章　茶树花产品及加工工艺

一、茶树花食品与饮品

（一）干制茶树花

茶树花中含有丰富的蛋白质、茶多糖、氨基酸、维生素等多种有益成分和活性物质，具有解毒、降脂、降糖、抗癌、滋补、养颜等功效。因而，利用茶树花资源可以开发出多种有益人体健康的茶树花产品，不仅具有较大的社会效益，而且能极大地提高经济效益。新鲜茶树花含水率在75%左右，为保持其新鲜度和营养价值，干制加工是开发利用首先要做的基础工作。干制的茶树花见彩图4。

常见的干制茶树花加工过程主要包括萎凋、杀青和干燥。萎凋包括自然萎凋和机器萎凋两种方式，自然萎凋是将茶树花铺成一定厚度，置于干净的水筛、竹席、木板或萎凋槽内，在一定温度的室内条件下自然萎凋。机器萎凋则是将采摘的茶树花放在萎凋床上，在设置好的温度、风速和时间条件下完成该过程。常见的杀青方法有热力杀青、蒸汽杀青和微波杀青，即分别在烘干机、100℃蒸锅和微波杀青机中进行。干燥方法则包括热力干燥、远红外干燥、紫微光复合干燥等。

江平等采用以上杀青和干燥方式初步加工新鲜的茶树花，分别制成干花，并进行感官审评和主要生化成分测定。杀青方法包括：将萎凋后的茶树花置于130℃的6CHB-6型手拉百页烘干机中进行热力杀青10min；将萎凋后的茶树花置于100℃的蒸锅中，茶树花薄摊、朵朵不重叠，进行蒸汽杀青2min；将萎凋后的茶树花置于微波杀青机中，设置温度140℃、时间1min、微波功率10kW进行微波杀青。干燥方法包括：将热力杀青与蒸汽杀青后的茶树花抖散摊凉后，分别均匀不重叠地摊放在6CHB-6型手拉百页烘干机中90~110℃烘至足干完成热力干燥；将微波杀青后的茶树花抖散摊凉后，均匀不重叠摊放在6CHB-6型手拉百页烘干机中 110℃烘 6min，摊凉后再经 6CYT-60 远红外提香机以 80℃烘至足干完成远红外干燥；将热力杀青后的茶树花抖散摊凉后，均匀地摊放在 6CHB-6 型手拉百页烘干机中以 110℃烘 6min，摊凉后再经 JHIM-5MFV 紫外光干燥杀菌机以 80℃烘至足干完成紫微光复合干燥。感官评审和生化成分测定结果表明，热力杀青—紫微光复合干燥、微波杀青—远红外复合干燥，这两种技术组合是茶树花加工较适合的工艺流程。

此外，国内专利还创造性地将最能保证产品内在品质的冷冻干燥技术应用于茶树花的初加工过程。将采摘的新鲜茶树花进行预冻处理后，置于真空冷冻干燥机中，在特定的温度、真空压力和时间条件下完成干燥过程，最后将得到的茶树花及时放入烘焙机中热风提香。既保证了茶树花干花的形状和色泽，又充分保留了茶树花的营养成分，从而提升茶树花干品的品质。

（二）茶树花茶

茶树花芳香持久，经一定工艺加工成可冲泡饮用的花茶，兼有鲜花和茶叶的风味，又具有茶叶的保健功能。将初开未开的、尚未脱落的花朵分批采摘烘干后泡饮，既丰富了茶饮的来源和品种，又丰富了茶饮的风味。王郁风同志在十几年前就写道：“单泡饮花干时，用透明玻璃杯，放入数朵花干（七八朵或十余朵均可，浓淡因人而异），用 80℃温开水冲泡，稍候即可饮用。茶树花干在汤中还原如鲜，沉浮漂游水中，水色如淡绿黄之‘琥珀液’，汤味亦如嫩绿茶淡淡花香味，很悦口。”茶树花中的成分与茶叶相仿，具有相似的营养价值和保健功能。云南省用茶树花窨制红茶，窨制后的成茶，花蜜香浓香持久。茶树花制成的茶饼见彩图 5。

1. 茶树花直接制茶

凌彩金等取云南大叶、台茶、八仙茶等品种的茶树花为原料，对不同品种和不同部位的茶树花以及不同的加工方法制成的茶树花茶的品质进行了研究。结果表明，不同品种茶树鲜花加工茶树花茶的品质有一定的差异，以台茶品种鲜花加工的茶树花茶的品质较优，其外形花朵完整，色泽鲜黄，汤色金黄明亮，香气清香带甜。不同鲜花部位加工成的茶树花茶以全花的综合品质较好，这一结论为以后研究中的鲜花采集方法提供了依据。同时，凌彩金等人确定了制作茶树花茶采花的标准：以采当天开放的全花（含半开、花蕾），当天采摘当天加工，有利于制作出较好的茶树花茶。对于茶树花茶的工艺流程，经过生产验证表明，采用萎凋—蒸汽蒸花—干燥的工艺可制作出色、香、味、形品质较全面的茶树花茶。各工序的具体技术参数为：采摘（当天开放的完整花）→萎凋（自然萎凋2h）→蒸汽蒸花（温度150℃，蒸花时间40s）→脱水（脱水时间40s）烘干（90℃，2h）→产品包装。应用此工艺技术，生产出的茶树花茶的色泽鲜艳明亮，香气优雅高长，而且滋味清醇，茶树花茶的品质较高。

2. 茶树花制红碎茶

伍锡岳等针对茶树花的发酵以及茶树花的配比，研究了茶树花在制成红碎茶过程中的感官和各个生化成分含量的变化。取茶鲜花经过萎凋12h，揉切2次，发酵时间0~120min，每隔30min取一次样，经3次试验测定，发现随着发酵时间的延长，多酚含量逐渐下降，而茶黄素、茶红素则由少增多。因此，可以说明茶树花的发酵与鲜叶氧化发酵的理化变化特性和品质特点是较相似的。

伍锡岳等确定了茶树花的适采期在盛开期。采用茶鲜花与茶鲜叶配比制红碎茶，并与茶鲜叶进行对比，发现结果令人满意。茶鲜花与茶鲜叶的配比有两种，分别为处理1和处理2，处理1的茶鲜花含量低于处理2，此外，对照组未加茶鲜花。工艺过程为：茶鲜花与茶鲜叶先进行凋萎，至茶树花中的水分含量为63%左右，再经过揉切、解块、筛分、发酵、干燥等工序制成成茶。从感官品质来说，加入了茶树花的处理1和处理2的外形较对照好，内质香气有茶树花香味，处理2香气持久性比纯茶叶略差，可能与茶树花添加量过多有关；滋味鲜爽度较对照组突出，汤色、叶底红艳红亮度比对照好，感官审评处理1的得分最高，处理2次之。从主要生化成分的含量来说，对照组的水浸出物含量、茶多酚含量、儿茶素总量、浓强度得分为最高，而加了茶鲜花的处理1和处理2茶样氨基酸含量、茶黄素含量、鲜爽度得分最高。理化审评得分，处理2组的得分最高。充分说明鲜叶配入适宜量的茶树花制作红碎茶，完全可以提高或改善品质，效果良好。其外形颗粒紧结，色泽润亮，香气鲜爽有花香，滋味浓强，鲜爽度好，汤色红艳，叶底红匀明亮，达到出口红碎茶二套样的标准。

3. 茶树花窨制红茶

梁名志等（2002）研究发现，用茶树花窨制红茶，成品茶树花蜜香浓爽持久，能明显改善红茶香气。茶树花有芳香，其芳香物质以酚类为主，酸类次之，烷烃类、酯类、酮类和醇类含量依次减少。茶树花花粉含量较多，适宜窨制红茶。

梁名志提出用茶树花窨制红茶的工艺如图 4-1 所示。

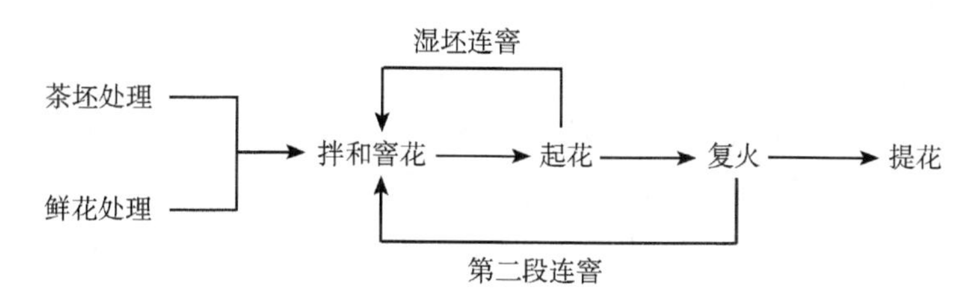

图 4-1　茶树花窨制红茶工艺流程

（1）茶坯处理

待窨茶坯含水率在 7%左右，一般不需复火，即可投料付窨。若含水率过高或是有陈气的次品茶坯，则应先复火，待冷却后再付窨。

（2）采花与处理

茶树开花多在晨露未干之际，一般在上午 10 时以前，只有阴雨天气，才可见到午后开花的现象。一般采摘初开的茶树花，以在晨露初干之后为好，采回之后只需稍经散热就可与待窨茶坯拌和窨制。带晨露或雨水的茶树花，采回之后必须经自然晾干或吹干后方可与待窨茶坯拌和，否则窨制后的成茶香气欠爽，往往有低闷气味。若采花地到制茶地有一定距离，途中运输时间较长，建议在茶树花破绽之时采下为好。

（3）拌和窨花

配花比例按茉莉花茶标准，适当调高，以弥补茶树花香气稍低之不足，茶树花花瓣较厚实，持鲜能力较强，窨花历时应较茉莉花茶长，需 18~20h，在窨制 10h 左右时通花一次，通花要起底，着地的茶坯要翻到上面来。通花收堆后再续窨 8~10h。

（4）起花、连窨与复火

一窨起花后的湿坯，不必复火，直接连二窨。二窨历时约为 15h，其间也应适时通花散热。连窨起花后的在制品，应及时烘干。如果是多窨次，复火后含水率控制在 10%即可转入下阶段连窨。如果下一道工序为提花，则应将含水率控制在 6.5%以下。

（5）提　花

提花是以提高香气鲜灵度为主，宜选用晴天晨露干时采收的优质茶树花，下花量为 6%~8%，窨制 8h 左右，中途不必通花，提花后要求成品茶含水率在

8.5%以下。

（三）茶树花饮料

1. 茶树花菌类茶

邬龄盛等对茶树花茶进行了创新，经过多年研究，制作出茶树花菌类茶。茶树花菌类茶，即以茶树花为主要基质，配伍其他食药两用的材料，组合成培养基，接入功能性真菌，经过人工调控培养，加工培养基而形成的生物菌体茶。

（1）培养基的配制

从茶树花的物质组成来看，茶树花富含多糖类、多酚类等物质。同时，由于茶树花基质质地幼嫩，木质素、纤维素等含量相对较低，对水容量持久性能缓冲能力较大，因此在培养基配制上，首先要考虑物理空间结构的合理性，有利于菌丝体的自由生长，其次在物质组成上，要匹配最有利于功能性菌的生长但又不至于改变最终样品特性，组成理想的培养基，如绿茶梗、葡萄糖等物质。

（2）菌种的筛选

茶树花菌类茶生产需要的菌种相对比较多，如糖化菌、风味菌等，而且每种菌种有许多菌株。至于该选择哪种菌，菌种之间应该如何搭配，需要经过进一步的理论和实践研究才能有结果。

（3）生物特性的调控

生长点的确定：茶树花菌类茶的生产一般是在20～30℃培养条件下完成的，其菌丝体的生长仍遵循“适应期—生长期—衰败期”规则。原因之一是由于菌种由原来的培养基过渡到了茶树花培养基中，需要一个适应过程；原因之二是茶树花基质养分有限，空间也有限。更重要的原因是由于菌体自身的生长规律，存在竞争，同时菌体分泌各种代谢产物及茶树花自身抑菌物质共同作用，从而抑制了菌体自身的生长。因此在制作菌类茶的生产过程中，应该及时控制生长点，既要达到高产又要优质。

培养基含水量的控制：菌丝体生长及酶系的形成、活化都需要适宜的水分。控制培养基含水量是菌种培养过程中的重要环节之一。在25℃下培养，固体培养基的含水量的高低对菌丝体的生长有明显的影响。含水量太低，菌丝稀疏，生长较慢；而当培养基含水量偏大时，由于供氧及散热条件不良，菌丝生长较慢，培养周期延长，生产效率降低。根据多重试验结果表明，固态培养基含水量以中度偏低为宜。

培养温度的掌握：菌丝营养生长的差异和酶体的形成、活化需要的适宜温度有所差异。采取现在30℃条件下培养数天形成菌种优势后，再在25℃条件下继续培养，对茶树花菌类茶品质特征的形成有较大的好处。较高的温度（30℃）对菌丝的生长发育有利，而当菌量积累到一定程度后，适当降低温度有利于中间产物的形成与积累，对综合提高茶树花菌类茶产品质量有极大的好处。

培养基pH值的协调：研究表明，在固态培养条件下，培养基的起始pH值（真菌承受范围内）对整个培养结果及产品的品质并无明显的影响，考虑到经济成本和操作上的方便，通常以采用自然pH值为宜。

杂菌的预防：在生产中要控制好周围环境卫生、菌种纯度和接种、培养基的无菌，确保安全生产。

（4）加工工艺的探讨

经试验表明，茶树花菌类茶适宜的加工工艺为：茶树花培养基配制—灭菌—接种—调控培养—杀菌—风味制作—烘干。茶树花菌类茶的加工均必须经过二次灭菌，即杀灭杂菌与菌丝体的杀灭两过程，因此采取哪种形式、什么程度地灭菌，是茶树花菌类茶加工中的关键技术。另外，风味制作也非常重要，它是使得茶树花菌类茶具有一定适口性的关键步骤。目前，茶树花菌类茶产品的加工方式主要有以下3种。

加工袋泡茶：将培养好的菌丝体茶树花样直接烘干粉粹装袋即可。

加工风味保健茶：以菌丝体茶树花样为主体，配伍一些市场认可的既有风味性同时又有保健功能的物质，按一定的比例拼配烘干即可。

生产茶树花菌茶饮料：按一定的重量比泡制茶样，过滤样液，并将样液进行风味性勾兑稀释，装瓶灭菌，即得到茶树花菌茶饮料。

2. 茶树花冰茶

茶树花冰茶是以茶树干花为原料，加水浸泡成汁，辅以柠檬酸、白糖和薄荷香精制成茶树花冰茶。

（1）工艺流程

赵旭等（2008）提出的茶树花冰茶工艺流程如图4-2所示。

（2）技术要点

预处理：选取干燥的茶树干花适量，置于小型中药粉碎机中粉碎，分两次粉碎，每次时间为10s。将粉碎后的茶树花样品过100目筛，封存于样品袋中，并置于干燥器中保存，以防止样品吸潮。

浸提：将1000mL火烧杯置于恒温水浴箱中，加入一定量水，水浴。称取5g

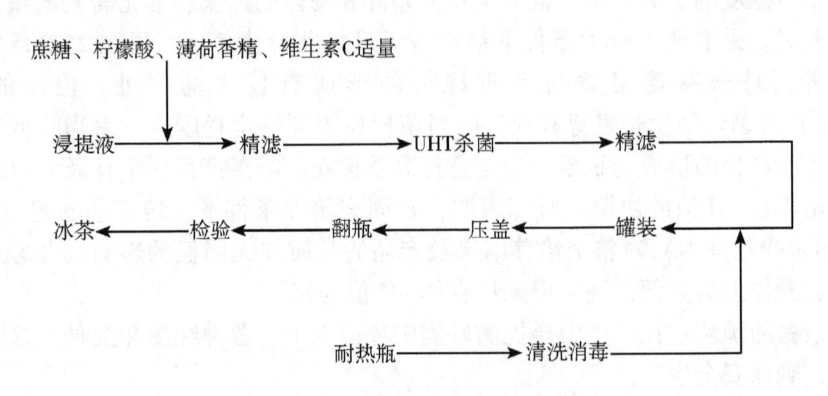

图 4-2　茶树花冰茶工艺流程

茶树花样品，缓慢加入烧杯中，轻微搅拌，防止花粉浮在水面上。浸提一段时间后，将烧杯取出。

过滤：浸提完毕后，立即用 3 层滤布过滤，过滤后的花渣废弃不用，滤液立即用自来水冷却，定容。

精滤：经 3 层滤布过滤后的茶叶萃取液中仍含有大量杂质，必须做进一步处理，否则会在最终饮料中产生沉淀，影响饮料感官品质。试验中采用新华中速滤纸进行真空过滤，滤液澄清。

调配：过滤后的茶树花汁用白砂糖、维生素 C、柠檬酸和食用薄荷香精等进行调配，调配后的茶树花饮料经感官评定认可后罐装。

UHT 杀菌：采用 UHT 超高温瞬时杀菌，杀菌温度 137℃，杀菌时间 15s，热灌装温度 88~92℃。PET 塑料瓶、盖先用清水冲洗，再用无菌灌装系统紫外杀菌 20~30min。灌装时启动系统吹风装置，保证操作台内的无菌状态。灌装后立即封盖，倒瓶 1min，对瓶盖进行杀菌，然后立即用自来水冷却。

（3）试验结果

茶树花汁最佳浸提条件：结果表明，茶树花汁最佳浸提条件为固液比 1：60，温度 80℃，萃取时间 5min。温度低时，茶树花汁呈现透明的土褐色，放冷后不易产生冷后浑的现象；而温度高时，茶树花汁颜色较深，放冷后茶汤中茶多酚、咖啡因、蛋白质、少量多糖及疏水性脂质、叶绿素、金属离子等物质间相互作用而形成沉淀。萃取时间则主要影响茶树花汁的香气。若萃取时间较短，则萃取液较淡，香气成分不是很突出；若萃取时间太长，则容易使花中挥发性风味物质受热发生变化而产生煮熟味道，萃取液也比较苦涩。

最佳配方：在最佳浸提条件下所得浸提液 20mL，蔗糖 5g，柠檬酸 0.5mL，薄荷香精 0.5mL，维生素 C 适量。

最佳均质压力：实验结果表明，最佳均质压力为 27MPa。在 27MPa 以上时，产品在室温下长期存放基本不会产生沉淀。少许的黄色沉淀可能是纤维素和色素。提高均质压力可将它们进一步均匀分布于体系中，但过高的均质压力又会带来经济投入增加，所以均质压力为 27MPa 最佳。

（四）茶树花酒

近年来，随着人们保健意识的增强和消费观念的转变，功能性保健酒逐渐成为市场的新宠。茶树花酒是以茶树花为主要原料，经生物发酵、过滤、勾兑、陈酿、降度、杀菌等工序而制成的新一代风味型酒。该酒度数低、色泽透亮、口感较温和，又富含茶多酚、氨基酸、茶多糖、蛋白质等营养物质。以茶和茶树花开发的保健酒，既有酒的风味，又有茶的保健功能，市场潜力大。

1. 茶树花保健酒

邬龄盛等（2005）采用茶树花开发的保健酒，既有白酒固有的风格，又有茶树花的清香和保健功能。茶树花酒酒精度低，是一种色、香、味较佳的饮品，且具有明目、养颜、减肥等功能。

（1）材　料

茶树花：于茶树花盛花期采摘并制成干花；酒基：市售普通高度白酒；蔗糖：市售一级白砂糖；酵母：普通酵母；催酿棒：特制催陈调香材料（专利产品）；水：纯净水。

（2）方　法

邬龄盛等研制的茶树花酒按如下工艺流程生产。

原料选择：选择品质较好、较新鲜的茶树花。

配制培养基：需茶树花、糖、纯净水等。

发酵：茶树花中加入少许蔗糖及水，接菌发酵数天。

抑菌：发酵期满，即加入高浓度白酒抑菌（酵母在高浓度的酒精中即停止生长）。

过滤：考虑到活性炭、硅藻土会对茶树花产生影响，所以一般选用 400 目的滤布过滤。

勾兑：发酵后的茶树花汁，与高度白酒充分混合，并根据酒和茶树花的风味、色泽香味等特点，以及消费者对产品风味的要求，确定勾兑标准。

陈酿：将催酿棒加入发酵酒液当中，全封闭陈酿 1 个月以上。

降度：根据市场需求用纯净水进行降度。

杀菌：酒厂常规杀菌。

根据上述方法可制得色泽透明清亮、橙色、无沉淀的茶树花酒，具有茶树花酒固有的香气，口感醇而有茶味，风味独特。此外，邬龄盛等发现使用纯净水能减少茶树花酒沉淀物的产生，提高茶树花酒的稳定性，因为纯净水中没有金属离子或者量很少，从而避免了茶树花中的多酚类物质与金属离子络合产生沉淀。

2. 茶树花苹果酒

鄯颖霞等将茶树花加入苹果汁中进行发酵，研究茶树花苹果酒发酵工艺。所制茶树花苹果酒色泽金黄，澄清透明，无沉淀，具有浓郁的茶树花香、酒香和果香，口感柔和，酒体醇和协调，是一种既风味独特又健康养生的低度果酒。

(1) 材　料

苹果（红富士）、白砂糖（食品级）、茶树花筛选酵母（葡萄酒酵母 LAL13）、果胶酶、柠檬酸（食品级）、葡萄糖、氢氧化钠、盐酸、无水硫酸铜、次甲基蓝、酒石酸钾钠。

(2) 工艺流程

苹果→分选清洗→榨汁→澄清过滤→成分调整→加入干茶树花→巴氏杀菌→冷却→加入葡萄酒酵母、果胶酶→第一次发酵→补充糖分→接入茶树花酵母→第二次发酵→倒酒→调配→陈酿→澄清→除菌过滤→成品酒。

(3) 具体步骤

①选料。选择优质的苹果和茶树花。苹果清洗后榨汁，茶树花烘干后粉碎。

②种子液的制备。将斜面活化后的葡萄酒酵母接种到苹果汁液体培养基中 25~28℃活化 2 天。

③发酵汁的配制。苹果汁用白砂糖和柠檬酸调整其糖度、酸度，添加茶树花。巴氏杀菌，冷却至室温备用。

④发酵。在发酵液中接入一定量的种子液，同时添加果胶酶，在一定温度下发酵，主发酵完成后适当补充糖分，再接入 10%（体积比）的茶树花酵母种子液（活化方法同葡萄酒酵母）进行二次发酵。

(4) 结果分析

茶树花添加量的确定

调整糖度为 180g/L、pH 值为 3.6，之后分别按质量体积比的 0.5%、1.0%、

1.5%、2.0%添加茶树花干粉。灭菌冷却后添加0.1g/L果胶酶。种子液接种量分别为10%（体积比），于25℃恒温发酵。试验结果表明，随着茶树花的增加，起酵时间推迟，发酵时间延长发酵效果不理想，当茶树花在1.5%添加量甚至更高时，发酵滞后且残糖较高。当茶树花添加量为1.0%时，发酵在10~12天结束。因此茶树花添加量确定为1.0%。

影响发酵主要因子的单因素优化

①接种量对发酵的影响。当种子液接种量<7.5%时，由于发酵缓慢，且发酵不彻底，因此残糖量高，酒精度低；接种量>12.5%时，发酵剧烈，虽缩短了发酵时间，但是基质消耗过快，代谢副产物累积多，抑制了酵母菌的生长，致使酒精度下降，酵母残留量大，酵母味较重，且杂醇油含量高，对于后期酒的整体质量不利。接种量为7.5%~12.5%时，气泡产生速率均匀，发酵平稳，原酒酒精度较高，质量较好。

②温度对发酵的影响。在温度较低时，发酵启动推迟，发酵速度慢，发酵周期延长，残糖量高，酒精产率低；温度较高时，发酵速度过快，香气易散失，影响酒的整体质量。试验结果表明，当温度为25℃时，原酒澄清透明，气味清香，口感较好，不但降糖速度适中，而且有利于发酵风味物质的形成。

③初始糖度对发酵的影响。试验结果表明，随着蔗糖添加量的上升，酒精度显著增加。但当蔗糖添加量较高时，造成起酵时间晚，发酵时间长，残糖量较高，且在高渗透压下抑制酵母的生长代谢。综合考虑，初始糖度在200g/L左右时有利于酒的发酵。

④果胶酶对发酵的影响。由于果汁和茶树花中均含有果胶等多糖类物质，如降解不彻底，会产生较多的浑浊物，影响酒的色泽和口感。在未添加果胶酶的情况下，且原酒的色泽（色度0.987）和口感均较差；随着果胶酶的添加，果胶等多糖类物质被降解，汁液渗出细胞壁被充分发酵利用，有利于发酵。综合考虑，选用0.10g/L果胶酶添加量较佳。

发酵工艺参数响应面优化

根据响应面设计，以发酵所得茶树花苹果酒的感官评价分值作为依据，并用Design Expert 7.0软件对实验数据进行多元回归分析，根据实验结果通过统计分析初步建立了茶树花苹果酒感官分值与各处理因素之间的RSM方程。各因素方差分析结果表明，在各影响因素中，酵母接种对感官审评的影响最大，其次是温度、糖度和果胶酶。在总的作用因素中，一次项和平方项的影响较大，而交互项的影响较小，糖度和温度有交互作用。最终分析得到最佳发酵条件为：酵母接种量12.5%，初始糖度200g/L，果胶酶添加量0.08g/L，温度27.0℃。此优化条件下发酵所得的茶树花苹果酒金黄色，澄清、透明、无沉淀，具有浓郁的茶树花香、酒香和果香，口感柔和，酒体醇和，风格典型明确。其他主要指标为：酒精度10.7%，可溶性固形物5.0%，还原糖2.32g/L，pH值3.66，杂醇油397.89mg/L。卫生指标符合GB 2758—2005《食品安全国家标准　发酵酒及其配制酒》的卫生要求。

(5) 结果与讨论

本研究将茶树花初步应用在果酒发酵工艺中，茶树花的其他添加方式、所获得原酒的稳定性、发酵过程中茶树花和苹果汁中的活性成分和酒的香气组分的变化，还需要进一步的深入研究。

本研究所制茶树花苹果酒不仅具有果酒独特的风格，还含茶多酚、氨基酸等多种茶树花所特有的营养保健等成分，以及茶树花特有的香气成分，是一种香味雅致的低酒精度的保健酒。此外还可以通过对其原酒进行适当调配，丰富产品类型。本研究结果为我国茶树花苹果酒的实际生产提供了初步的技术参考，同时还为茶树花资源的利用提供了一种新思路，具有一定的应用前景。

(五) 茶树花花粉

茶树花粉是蜜蜂采集回巢的茶叶花朵的雄性细胞，并掺入少量蜜蜂分泌物和花蜜。外形呈橘红色颗粒。其特点是口味香甜，是花粉中味道较好的品种之一，同时也是营养较好的品种之一。茶树花粉富含蛋白质、氨基酸、脂肪酸、维生素、活性酶等多种有效的活性，具有高蛋白、低脂肪的特点，氨基酸种类齐全，含量高达23.57%，水解必需氨基酸和游离氨基酸的总量均高于油茶花粉和混合花粉，且花粉中必需氨基酸配比均接近或超出1997年FAO/WHO颁发的标准模式值，在营养学上被称为完全蛋白质；维生素以B族维生素为最多，它可以使脂肪转化成能量，并加以利用。除此之外茶树花粉中还含有大量人体必需的微量元素，其中锰含量90mg/100g，是普通花粉的20~30倍；锌的含量是5.97mg/100g，是普通花粉的10倍；铬的含量是0.597mg/100g，是普通花粉的10倍。所以，它能预防和治疗动脉硬化、便秘、肿瘤、老年痴呆、儿童智力低下、内分泌失调等。茶树花粉的烟酸含量高达11.7mg/100mg，能够深层次保养或改善肌肤，有效防治皮肤的各种不良现象，增强皮肤弹力。此外，研究表明茶树花粉中含有抗氧化性较强的超氧化物歧化酶（SOD）、过氧化氢酶（CAT）和黄酮类物质，具有解毒、抑菌、降糖、延缓衰老、防癌和增强免疫力等功效。

茶树花粉的寿命较短，尤其是离体后在室温条件下，一般最多只能存活3周左右。如果花粉入库后能长期安全保存，人们就不会受时间和地点的限制，随时可获得有生活力的花粉。钟蓉具体介绍了日本小西茂毅花粉固体培养法，其花粉培养液成分为1.2%琼脂，8%蔗糖，30mg/kg硼酸，pH值调至5.5左右。做法是先在培养皿内盛20mL培养液，待冷却凝固，播下花粉，在24~26℃下培养20h后，即可测量花粉管长度。杨素娟等提出了茶树花粉的超低温（LN2，-196℃）保存法，将采集的茶树花花粉放入干燥器内，并根据硅胶的干燥程度和花粉量，用变色硅胶将花粉调节至不同的含水量。将不同含水量的花粉分别装入小玻璃管中，管口盖好盖子后用蜡封口，经包装后浸入液态氮迅速冷冻。结果表明，花粉发芽率随其含水量减少而下降，其含水量以不低于9%为宜。在超低温下贮存花粉，成功的关键同样取决于花粉自身含水量的高低，对于小叶种茶树花粉而言，其含水量应控制在10%左右较为恰当。

茶树花花粉中的功能性成分对预防动脉硬化、便秘、老年痴呆、内分泌失调等疾病有很大的作用，目前已经开展了有关的临床研究。江西省劳动卫生职业病防治研究所的刘志勇、戴黎光等，对小鼠腋下移植肿瘤S180，而后给荷瘤小鼠灌胃茶叶花粉多糖液，以观察花粉多糖液对肿瘤的抑制作用，结论是花粉多糖液达到一定浓度时可抑制肿瘤和提高小鼠腹腔巨噬细胞的吞噬作用。西北大学生命科学学院的曹炜副教授、陕西农业工程勘察设计院的姚亚平、尉亚辉、赵长琦等应用1,6-二苯基-1,3,5-己三烯（DPH）为荧光探针，超氧阴离子自由基和羟基自由基致鼠红细胞膜氧化损伤为模型，研究了茶树花粉黄酮、油菜花粉黄酮对鼠红细胞膜氧化损伤的影响。研究表明，茶树花粉黄酮对超氧阴离子自由基和羟基自由基引起的鼠红细胞膜的氧化损伤有保护作用。

目前，国内外开发的花粉产品主要有：花粉蜜、蜂宝素、花粉胶囊、花粉晶、花粉冲剂、花粉片、强化花粉、花粉糕、花粉口服液、花粉膏、花粉可乐、花粉汽酒、花粉补酒、花粉酥糖、花粉巧克力、花粉饼干等。原料中除了茶树、玉米、油菜、油松等花粉源植物外，还包括多种植物药材。国内一些花粉产品的生产工艺，诸如花粉提取的香精、花粉精、花粉营养液、花粉甜啤饮料、花粉糖、花粉奶粉、花粉胶囊、花粉酪、花粉面食、花粉巧克力、爽身花粉、花粉养颜膏已经申请了专利。

由于花粉壁难以在人体中消化，茶树花的破壁技术是花粉加工中的重点和难点。目前，主要有发酵法、机械法、温差法、蛋清破壁法、SR萃取脱壁等。开发片剂的茶树花粉产品，破壁方法主要采用的是冷冻粉碎法、气流粉碎法、振动超微粉碎法。杭州保灵养泰禾生物科技有限公司生产的破壁茶树花粉就是将茶叶花粉外层细胞壁经过低温物理破碎，从而使粉体粒径达 5μm 以下，使之有利于人体充分吸收，适合于直接服用或制作片剂、颗粒剂、胶囊等各种剂型产品。而浙江省江山市祥瑞蜂业科技开发有限公司生产的雨农系列茶树蜂花粉，则是采用空气动力超微气流粉碎，应用低温、干燥、瞬间、密闭的物理破壁新工艺研制而成，破壁率达到 90%。

据报道，我国台湾早已大量开发茶树花粉，并将之作为大宗的出口产品。中林绿源茶树花研发中心也已研制出可直接食用的茶树花干花粉产品。茶树花还可作为深秋蜜粉源，制成茶蜂花粉或蜂粮。此外，茶树花粉可以制作成食品添加剂，用以开发饮料和保健食品；还可作为化妆品添加剂，发挥花粉本身保护皮肤、抗衰老、养颜等作用。

茶树花粉加工工艺中存在的诸多问题成为茶树花粉多种剂型开发的瓶颈。由于花粉是极好的营养源，因此极易受到微生物（如金黄色葡萄球菌、绿脓杆菌、沙门氏菌等致病菌）的污染。因为破壁花粉营养物质外溢，破壁花粉比原壁花粉更难以保存，更利于一些厌氧菌和霉苗的繁衍，派生出破壁花粉的二级污染问题。同时，正如前面所说，花粉壁很难消化，为了保证酒类、饮料等产品的澄清透明不得不反复过滤和匀质。在滤去花粉渣的同时，也会影响到成品的保健效果，而且加大了生产成本。此外，日本学者对花粉药用剂量的研究表明，日服用量需达到 15~30g 才有疗效。而花粉片剂或胶囊剂的生药含量最大只能达到 250mg/粒，目前市售花粉片其生药含量一般为 100mg/粒，如果使用未破壁花粉，那么服用剂量需达到 150~300 粒/天，因此服用剂量便成为亟待解决的问题。

（六）其他茶树花食品

1. 鲜花酥饼

参考玫瑰花酥饼的制作，可做出类似的茶树花酥饼。

（1）原　料

茶树鲜花、低筋面粉、猪油、植物油、白糖、鲜鸡蛋。

（2）酥饼制作流程

马德娟（2012）研发的玫瑰酥饼制作工艺流程如图 4-3 所示。

（3）制作要点

制皮：按比例称量白糖水面粉和油，将白糖溶于水中，在操作台上把油和糖

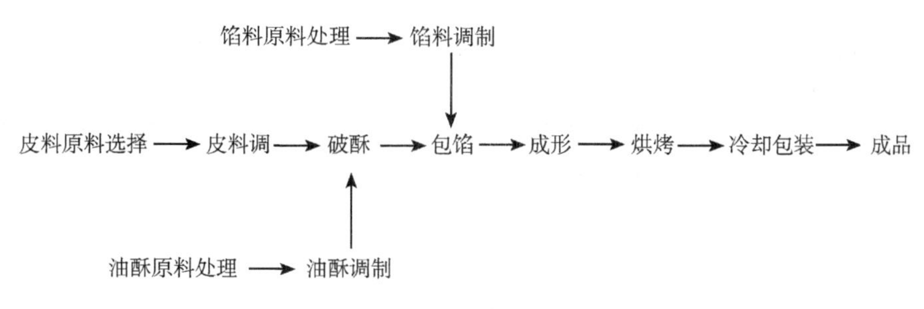

图 4-3 玫瑰酥饼工艺流程

水倒入面粉中，混合成面团，放于4℃冰箱中醒发20min。

制酥：按比例称量的面粉和油，将面粉和油混合均匀并进行充分搓酥，使油和面粉充分混匀。

破酥：将以上醒发好的皮碾平，将酥团成球状，用皮包裹完全并压平，放于-18℃冰箱中冷冻15min，反复碾平折叠操作6~8次，厚度5mm左右，根据酥饼大小用刀将破酥的面块分成小块，以备包馅使用。

制馅：按要求称一定量的熟面粉、白糖和茶树花鲜花，将熟面粉置于台板上，再放入茶树花花瓣（要剪碎），由内到外拌均匀即可，切记不要搓揉，也不要用和面机混合，以免鲜花成酱，备用。

包馅：将已破酥的皮和馅按4∶6进行包馅。包馅时，用左手掐皮，系口向上，按成扁圆形，使其周围薄，中间厚，要求封口要严密，不偏皮，不露馅，最后用手将包好的鲜花饼压成扁圆形，便可成型。

码盘：将成品码放在涂有一薄层的猪油的烤盘内，饼与饼之间保持一定的距离，不得粘连，并在鲜花饼表面轻刷一层稀释过的蛋液。

烤制：将烤盘置于已预热的烤箱中，面火温度220℃，底火温度190℃，烤制20min左右即可。

冷却、包装：将烤箱中的酥饼取出后置于洁净的包装间内，自然条件下冷却至40℃左右，用PET或KOP材料迅速包装。

2. 茶树花面条

面条是中国饮食文化中必不可少的一部分，也是人们非常喜爱的面食之一，市场中所卖的面条大多都是白面面条，消费者的可选择种类受限，不能够满足人们对营养和美味日益增长的需求。参考蔬菜面条的做法，可研发出茶树花面条。

（1）茶树花湿面

原料：面粉、食盐、食用碱面、茶树花粉。

工艺流程：面粉、辅料、水→和面→醒发→复合延压→切条。

评价指标：可添加不同含量的茶树花粉，并同时做空白对照组实验，面条制作完成后，分别进行其蒸煮损失率、煮后吸水率、煮前延伸性、煮后延伸性、熟断条率的测定以及感官指标的测定。测定方法可参考孙启发、刘洛宁等的相关研究。

（2）茶树花挂面

参考魏福荣香菇营养挂面的研制，可制作出茶树花挂面。

原料：特一粉、高邦复合添加剂、食用精盐和茶树花粉等。

工艺流程：取一定量特一粉，将茶树花粉与面粉干法预混合均匀，食盐及添加剂均溶解于自来水中，和面后在家用制面机上反复压制面片，至面片均匀光滑后，再逐渐将其压薄，阴干制成宽 3mm、厚 0.8mm 的干面条。

质量品质评价方法：一是感观评价法，包括成品面的色泽、表面光洁性、口感优劣、面条的糊汤度、湿面条延伸率及干面条抗弯曲度等指标。二是仪器客观评价法，包括最佳烹煮时间、吸水率、烹调损失和熟断条率等指标。

注意事项：茶树花粉的添加量需要进行进一步探究。添加量少，营养成分不够，面条内在品质得不到改善，茶树花面条特有的清香感不足；添加量过多，面条适口性下降、糊汤，表观状态可能会变粗糙。所以茶树花粉的添加量有待实验探究。另外，香菇面条中的香菇粉需要中温、中压膨化处理，茶树花粉是否需要也需要实验验证。

3. 茶树花巧克力

巧克力是由可可制品（可可液块、可可粉、可可脂）、砂糖、乳制品、香料和表面活性剂等为基本原料，经过混合、精磨、精炼、调温、浇模成型等科学加工，制成的具有独特的色泽、香气、滋味和精细质感的、精美的、耐保藏的、高热值的香甜固体食品。在我国巧克力被分为三大类：白巧克力、牛奶巧克力与黑巧克力。牛奶巧克力与黑巧克力中含有可可粉，颜色呈棕色或黑棕色。白巧克力是不含可可粉的巧克力，呈白色，被广泛用于开发抹茶巧克力。近些年随着茶食品越来越受到人们的青睐与关注，茶味巧克力产品也在一定程度上赢得了较多的国内消费群体的青睐。我国人口众多，茶树花巧克力开辟了一种新的巧克力口味，在我国具有广阔的市场潜力。参考红茶白巧克力的加工工艺，笔者对茶树花巧克力的开发进行了探讨。

（1）原　料

茶树花茶粉、白巧克力（可可脂含量不低于34%）、糖、表面活性剂等。

（2）加工工艺

以总重计，在白巧克力中加入适宜量的茶树花粉，进行对应的调温工艺，具体步骤如下：先将白巧克力在40~50℃范围内（即巧克力的熔化温度）熔化加入相应比例的茶树花粉后，搅拌均匀（转速为12~18r/min，下同）；再将红茶巧克力浆一边搅拌一边冷却到25~26℃范围（即再结晶温度）；最后将冷却后的巧克力浆升温到28~29℃（即调温温度）后即可注模，常温放置5min后，放入0~4℃环境冷藏30min后脱模。

（3）基础感官要求

在自然光下观察产品的色泽和状态，闻其气味，用温开水漱口，品尝滋味。感官应达到以下要求。

色泽：具有产品应有的色泽。

滋味、气味：具有产品应有的滋味、气味。

状态：常温下呈固体或半固体状态，无正常视力可见的外来异物。

黄赟赟等在研究红茶白巧克力产品的同时，发现红茶粉的添加对白巧克力发花起霜有一定的抑制作用，随着红茶粉添加量的增加，抑制作用越来越明显；当红茶粉添加量为4%，红茶筛分颗粒越细，抗霜性越弱。而茶树花是否也有这样的作用，还有待进一步探究。

4. 茶树花米花糖

米花糖是一种著名的传统小吃，起源于重庆，香甜可口，具有米花清香。其中以重庆江津米花糖和四川乐山苏稽米花糖最著名。米花糖主要是用糯米和白糖制作的，米花糖造型美观、酥脆香甜、小巧精致、营养丰富，兼有开胃健脾、滋心润肺之功效。米花糖加工技术简单易操作，是城乡致富的一条好门路。在传统米花糖的制作中有时会添加少许桂花，笔者认为茶树花也可以加入其中，以增加米花糖的清香味。参考米花糖的制作工艺，笔者对茶树花米花糖加工技术进行了探讨。

（1）原　料

油酥米19. 5kg、冰糖750g、花生仁1. 4kg、白砂糖13kg、芝麻4. 8kg、桃仁1. 14kg、饴糖9. 4kg，茶树花适量。

（2）工艺流程

茶树花米花糖的工艺流程如图4-4所示。

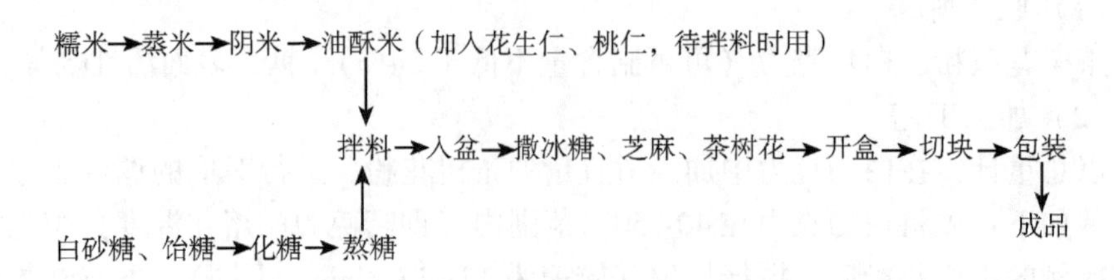

图 4-4　茶树花米花糖工艺流程

（3）加工方法

蒸米：选用糯米去除杂质，用清水淘洗干净，并用清水浸泡 10h 后蒸熟，然后倒在干净的竹席上冷却并弄散，烘干或阴干后即成阴米。

油酥米：将阴米倒入锅里用微火炒，米微热后加适量溶化的糖水（50kg 阴米用 940g 白砂糖溶化的糖水），搅拌均匀后起锅，放在簸盖内捂 10min 左右，再用炒米机烘干，然后用花生油酥米。酥米时要待油温达到 0℃时下米，每次将约 1kg 米下锅，酥泡后将油滴干、筛去未泡的饭粒，即成油酥米。

拌糖：先熬糖，将白砂糖和饴糖入锅，加适量清水熬制，待糖浆温度达 130℃左右时起锅，把油酥过的花生仁、桃仁、油酥米加入锅内搅拌均匀，起锅装入盆内，撒上冰糖、熟芝麻，用木抹子抹平、压紧。

切块：待拌好糖的糖坯冷却后取出，置案台上切块、包装即为成品。

5. 茶树花酸奶

酸奶是乳酸菌发酵的制品，营养成分比牛乳更趋完善，更易于消化吸收，对机体还有显著的调节作用，具有防衰老和延年益寿的作用。将茶树花添加到牛奶中进行发酵，可以提高酸奶的食疗价值，增加酸奶花色品种。于健等（2008）对茶树花酸奶的最佳配方及生产工艺进行了研究。

（1）原　料

茶树花、优质牛奶、优质白砂糖、保加利亚乳杆菌和嗜热链球菌、辅料等。

（2）工艺流程

于健等提出的茶树花酸奶工艺流程如图 4-5 所示。

（3）操作要点

茶树花汁的制备：选择新鲜茶树花，去除杂质，洗净，粉碎，加入 5 倍水（软水）、0.01%的柠檬酸和 0.05%的抗坏血酸，95℃浸提 30min，置胶体磨中磨浆。浆体过 120~160 目筛，滤去粗渣得茶树花汁。

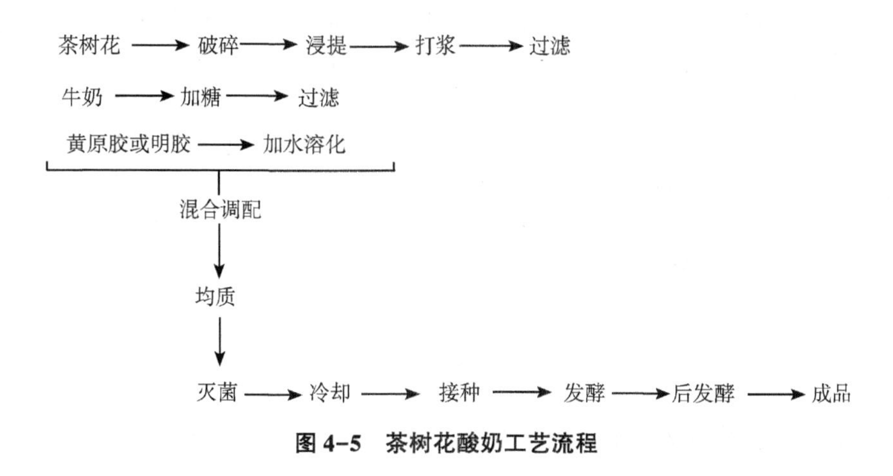

图 4-5　茶树花酸奶工艺流程

奶糖混合：在鲜牛奶中加入 8%的白砂糖，搅拌混匀，过筛，滤去杂质。

稳定剂的处理：取 0.1%～0.2%的黄原胶或羧甲基纤维素钠（CMC）或明胶，用温水化开，分组加入。

混合调配、均质、杀菌。

冷却接种：将混合液立即冷却至 42～45℃进行接种。用保加利亚乳杆菌和嗜热链球菌混合菌种（比例 1∶1.5），按 3%的接种量接种。

发酵：42℃发酵 4～5h。

后发酵：0～5℃冷藏 12～14h。

产品质量感官指标：乳白色略带浅黄色，有光泽，质地均匀、细腻，稠度适中；风味酸甜适口，既有淡淡的茶树花清香，又有酸奶的乳香。

产品质量理化指标：乳固体含量≥12.3%；含糖量≥6.1%；总酸度 74～82°T，一般为 82°T（以乳酸计）；大肠菌群≤3MPN/100mL；致病菌不得检出。

（4）实验结论

以茶树花、牛奶（体积比为 0.3∶1）作为乳酸菌发酵的原料，加入 8%的白砂糖，0.2%的稳定剂，采用保加利亚乳杆菌和嗜热链球菌为发酵剂进行发酵，接种量 3%，42℃发酵 5h 可制得优质茶树花酸奶。茶树花酸奶口感好，风味独特，兼有茶树花和酸奶二者的保健功能，是一种良好的营养保健饮料，老少皆宜，具有较高的推广价值。

6. 茶树花豆浆

豆浆是我国传统食品，因其富含蛋白质、脂肪、矿物质和多种维生素等人体所需的营养成分而被誉为“植物牛奶”。鲜豆浆四季都可饮用，春秋饮豆浆滋阴润燥，调和阴阳；夏饮豆浆，消热防暑，生津解渴；冬饮豆浆，祛寒暖胃，滋养进补。目前中国有很多人都渐渐意识到豆浆的营养价值，把豆浆当作早餐的搭配饮品。甚至在下午茶的餐桌上，豆浆也备受欢迎。

在豆浆机十分普及的今天，制作豆浆的步骤非常简单：提前一天泡好豆子，吃的时候只要将豆子放入豆浆机内，加水并按下按键，20min 左右，鲜香浓郁的豆浆就呈现在面前。

想要调剂口味，可结合中医“药食同源”的说法，可以制作花式豆浆。最简单的做法是用热豆浆冲泡花茶即可，四季饮用，不仅能散发郁积在人体内的寒气，更能让人由内而外绽放美丽光彩。例如，用黄豆豆浆冲泡玫瑰花，可以调理暗沉肌肤，增加皮肤血色。带着淡淡玫瑰花香的豆浆不仅活血养颜，还能预防便秘，降火润喉。类似的，茶树花豆浆就是将茶树花泡在热气腾腾的豆浆里，不仅可以增加豆浆的营养价值，而且还赋予了豆浆淡淡茶树花清香。另一种方法是，将茶树花与黄豆一起在豆浆机中研磨，可以将茶树花的细胞破碎，清香的风味会更加浓郁。

但喝豆浆的时候也有几点注意事项：一是豆浆一定要煮透，豆浆中含有胰蛋白酶抑制物，未煮透饮用易发生消化不良、恶心、呕吐、腹泻等症状；二是喝豆浆不宜过量，一般成人喝豆浆一次不宜超过 500g，大量饮用容易导致蛋白质消化不良、腹胀等不适症状；三是豆浆中不宜加红糖，红糖里的有机酸和豆浆中的蛋白质结合，产生变性沉淀物，而白糖则没有这种反应；四是豆浆中不宜冲鸡蛋，鸡蛋中的黏液性蛋白容易和豆浆中的胰蛋白酶结合，产生不被人吸收的物质而减弱营养价值。

7. 茶树花冰激凌

随着人们消费观念的改变，保健与营养食品越来越受欢迎。有学者研究以茉莉花、大豆、枸杞及椰果为主要原料，添加牛乳、奶粉、鸡蛋、人造奶油、白砂糖及黄原胶等制成茉莉花冰激凌。我们也可以借鉴茉莉花冰激凌的生产工艺，生产茶树花冰激凌。

冰激凌是以牛奶或乳制品和蔗糖为主要原料，并加入蛋或蛋制品、稳定剂以及香料等，经混合配制、杀菌、老化、凝冻等工艺加工成的冷饮食品。冰激凌营养价值高，且易于消化，不仅是夏季的大众冷食，同时也是一种营养食品。椰果是一种新型功能性食品基料，兼备了食品稳定剂和膳食纤维的功能，无色无味，持水性好，结合力强，而且不能被人体消化吸收，具有整肠、预防便秘、抗衰老等功能。大豆具有丰富的优质蛋白质及不饱和脂肪酸，丰富的矿物质和维生素，且不含胆固醇，受到世人的青睐。我国是世界大豆四大生产国之一，发展植物蛋白食品对提高国民蛋白质摄入量有较大的贡献。参考李少华等（2012）茉莉花冰激凌的制作工艺，笔者茶树花冰激凌的制作工艺进行了探讨。

（1）原料及要求

主要原料包括茶树花、大豆、枸杞、椰果、牛乳、奶粉、鸡蛋、人造奶油、白砂糖、黄原胶、海藻酸钠、羧甲基纤维素钠（CMC）、单甘酯。其中，牛乳宜选择新鲜优质牛乳，须符合行业要求，不加防腐剂等；奶粉宜采用一级品以上的全脂奶粉，色淡黄，气味正常，无受潮，脂肪含量不低于26%，水分不超过23%，微生物指标应符合特级品奶粉的标准；奶油选用优质的不加盐奶油为宜，呈淡黄色，气味正常，无霉味及其他异味，不允许存在致病菌，如果有酸味、出水滴为劣质奶油；蔗糖选用上等砂糖，色泽洁白，无受潮结块，不应有任何异味；蛋与蛋制品宜使用鲜鸡蛋或蛋黄粉，它们既能提高冰激凌的营养价值，又由于其中所含卵磷脂具有的乳化能力和稳定作用，使冰激凌成品具有细腻的口感和优良的外观，并有明显的奶油蛋糕的香味；稳定剂可使用黄原胶、单甘酯、海藻酸钠、羧甲基纤维素钠等，用量比例均为0.3%~0.4%。

（2）原料预处理

茶树花酱的加工：食用花一般收集采花期的散瓣花。加工时，先将花瓣内的花心及花托除去，然后按花瓣10kg、盐0.6kg、明矾0.36kg、梅卤（或柠檬酸）3kg混合拌匀，去汁，再加入白砂糖1.2kg入缸拌匀，腌制3天，然后继续加入白砂糖腌渍，以后每天搅拌一次，半月左右香气浓郁即为成品，其色泽鲜艳，具有浓郁的茶树花香气，食之甜香。配方中盐可以防腐，明矾可增加花瓣外观美感，梅卤可使花瓣的鲜艳色泽保持长久。

豆浆的制备：大豆筛选→浸泡脱腥（用50~60℃温热水，0.5%碳酸氢钠浸泡大豆）→去皮→灭酶（90℃，5min）→磨浆（豆：水=1：8）→过滤（150目）→均质（13~23MPa，0~80℃）→豆浆。

枸杞：用水洗净，用10倍的1%乳酸水溶液煮沸约1.5h，避免维生素过多损失。用打浆机打浆后过80目筛除去皮、籽等渣滓，然后将上清液用胶体磨细成枸杞液。

椰果：椰果在流动水中反复搅拌至酸味完全脱除，再用胶体磨打浆待用。

奶粉：先加适量水溶解，必要时可用均质机以200MPa的压力均质处理1次，使乳粉充分混合，以提高成品的质量。

稳定剂：将黄原胶、单甘酯、海藻酸钠、羧甲基纤维素钠粉碎过60目筛，再按2∶1∶1∶5比例并与其总重5倍以上的白砂糖充分混合后备用，此方法与直接配制溶液相比，可使乳化剂在水中容易分散。

白砂糖：加水制成浓糖浆，用100目或200目的滤布过滤。

鸡蛋：将适量蛋液充分混合搅拌。

人造奶油：除去表面杂质，用刀切成小块。

(3) 制作工艺流程

根据李少华等提出的茉莉花冰激凌制作工艺，笔者拟定了茶树花冰激凌的制作工艺流程（图4-6）。

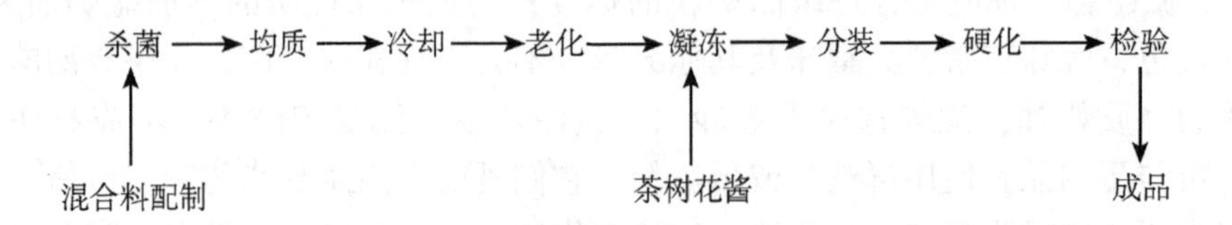

图4-6　茶树花冰激凌的制作工艺流程

(4) 操作要点

混合料：在配料罐中按比例将白砂糖、奶粉、稳定剂等固体原料用热水溶解，然后与椰果、人造奶油（当温度上升至60℃时以融溶状态直接加入配料罐即可溶化）一起加入已处理好的豆浆、枸杞、牛奶、鸡蛋混合液中，充分搅匀。其中，鸡蛋须在配料罐内料液升温至50℃前加入，以免高温下蛋白变性，不易分解而影响口感。

均质和杀菌：将调配好的原料用80~100目不锈钢筛过滤，以除去可能的结块，然后经65~75℃，18~20MPa均质后，75~78℃保持15min杀菌。

冷却和老化：料液立即用冰水将混合物料冷却至4℃左右，放入冰激凌均质老化机中老化12~24h。

添加茶树花酱：将茶树花酱在胶体磨上磨匀，然后按比例添加到已老化的混合物料中，充分搅拌均匀。

凝冻成型：将成熟的料液置入冰激凌消毒凝冻机在-5~-2℃凝冻10~15min膨胀后，装入塑料杯中成型即成软质冰激凌。

硬化和检验：将凝冻灌装后的软质冰激凌直接放入-25~-20℃的急速冷冻柜中冻结，可制得硬质冰激凌，并按照冰激凌产品相关质量标准进行检验。

（5）工艺讨论

茶树花酱用量：其用量占混合原料的2%~4%，因茶树花酱是经高浓度糖渍，无须杀菌所以应在凝冻前添加。若茶树花酱经杀菌、均质会使其损失部分香味成分并破坏其色泽和外观。另外，茶树花酱需充分搅拌，使之均匀分布于混合料中。

老化：老化是将混合原料在2~4℃的低温下保持4~24h，通常为12~24h，目的在于使蛋白质、脂肪凝结物和稳定剂等物料充分地溶胀、水化，提高黏度，以利于提高膨胀率，改善冰激凌的组织结构状态。

凝冻：当搅拌时可先将混合料冷却至-5℃。试验表明，混合温度在-3~-2℃时进行强烈搅拌，能混入大量气泡，可使膨胀率达到适宜的程度。搅拌器的搅拌速度为150~200r/min，在这样的转速下，有利于部分水分形成冰的微细结晶，使口感细腻，经过10~15min搅拌温度上升2~3℃，此时成品温度在-3~-2℃，可制成膨胀率为80%~100%的产品。

硬化：冰激凌凝冻后应及时进行分装和硬化，否则表面部分的冰激凌易受热而融化，如再经低温冷冻，则形成粗大的冰结晶，使组织粗糙，表面形成塌陷，膨胀率下降，降低品质。

8. 茶树花曲奇

曲奇是利用黄油、绵白糖以及低筋面粉为主要原料，加入鸡蛋、奶粉等其他辅料制成的具有不规则花纹和图案的一种饼干。曲奇拥有独特的外形，风味和口感独特。曲奇饼干的产品种类较多，如凤梨酥曲奇、香草白菊曲奇、燕麦奶油曲奇等。随着人们对茶文化的关注，抹茶曲奇越来越受到消费者的欢迎。参考李艳霞研究的抹茶曲奇工艺，笔者对茶树花曲奇的加工工艺进行了探讨。

（1）原 料

低筋面粉、奶粉、黄油、茶树花粉（茶树花干燥后破碎形成的粉末）、绵白糖。

（2）加工工艺

茶树花曲奇的制作工艺流程如图4-7所示。

原料预处理：将面粉和绵白糖过筛，避免结块颗粒造成茶树花曲奇的组织结构的不均匀。黄油在室温下融化。

茶树花曲奇面糊的调制：将50g融化的黄油和35g绵白糖倒入搅拌机中，高

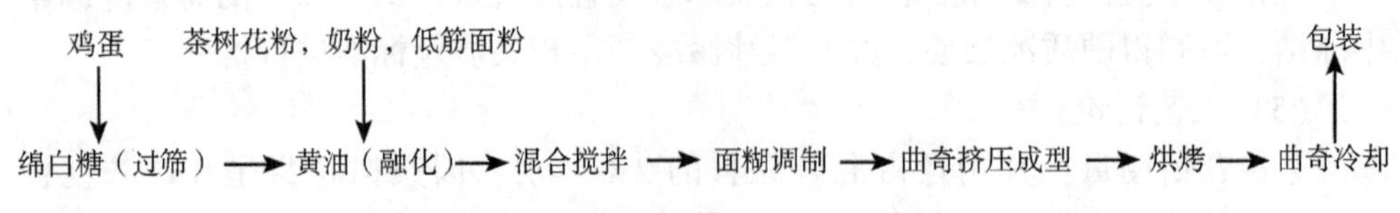

图 4-7　茶树花曲奇制作工艺流程

速搅打 2min，当搅打呈乳白色时调至慢速，将 2 个鸡蛋分 3 次加入，搅打，这样能够提升饼干细腻的口感。将 6g 茶树花粉和 8g 奶粉分别加入 45℃左右的温水中，待充分调匀后缓慢加入搅拌机，高速搅匀。当混合物搅拌形成黏糊状时，加入 100g 的低筋面粉，温度控制在 21~29℃搅拌形成糊状。

茶树花曲奇挤压成型：将调制好的面糊装入裱花袋里，在烤盘上挤压成型制成曲奇胚，曲奇胚制成直径约 3cm、厚约 1cm 圆形。挤压成型时，要注意厚度一致。避免烘烤时间不一致。

烘烤：将已经放入烤盘中成型的曲奇坯放入已经预热好的烤箱中，设置上火 178℃，下火 145℃，烘烤 20min，在烤制过程中要观察炉内产品的表面情况，待表面颜色呈黄绿色时，关闭烤箱电源，让曲奇在烤箱内再闷 10min 即可出炉。

成品冷却：将烤制好的茶树花曲奇从烤箱中取出，放在常温的室内，等到茶树花曲奇的质地变硬以后就可以食用了。

9. 茶树花糯米藕

莲藕为睡莲科莲属多年生宿根水生草本植物的地下茎，营养丰富，是人们喜食的主要水生蔬菜。用莲藕制作的桂花糯米藕，又称桂花糖藕，不仅是民间备受欢迎的风味食品，也是宾馆、饭店的美味佳肴。参考桂花糯米藕的制作工艺，笔者探讨了茶树花糯米藕的工艺条件。

(1) 原　料

新鲜莲藕、糯米、高麦芽糖浆、甜味剂、风味增强剂、柠檬酸、食盐、D-异抗坏血酸钠、茶树花干。

(2) 莲藕护色

由于莲藕组织中含有多酚氧化酶，易导致鲜切加工莲藕的褐变，在糯米藕的去皮加工工序中，为了防止其褐变，需采用护色处理。研究中采用氯化钠、柠檬酸和 D-异抗坏血酸钠的混合液探索莲藕护色的最佳浓度组合。试验发现，食盐对褐变的影响最大，D-异抗坏血酸钠次之，柠檬酸相对最小。但氯化钠添加量过多会使得糖藕略有咸味，口感风味稍差。因此，1.0%氯化钠、0.15%柠檬酸和0.05%D-抗坏血酸钠为最佳组合的护色液。用护色液最佳浸渍时间为40min。

（3）最佳工艺条件

最佳工艺流程为：原料预处理→护色→灌米→蒸制→水煮→糖煮→真空包装→杀菌→保温→检验→成品。

蒸制时间：莲藕经前处理后，蒸制时间的长短直接影响糖藕成品的色泽，适宜的蒸制时间尤为重要。经过单因素试验发现常压下蒸制10min，糖藕成品无色变。

水煮时间：水煮的目的是除去蒸制时产生的褐变色素，防止它渗入到煮制的糖液中而加深糖液颜色；另外，也可使成品色泽均匀一致。经3min水煮，糖藕制品风味优良，色泽黄红，藕的清香味较浓。随着煮制时间的延长，糖藕的风味变劣，煮制达10min时，糖藕的风味尽失，代之的是明显的山芋风味。因此，糖藕的水煮时间以3min为好。

糖煮时间：糖煮时间直接影响到成品的质地和口感。试验发现，糖煮时间以3.0~4.0h为宜。经3.0~4.0h的糖煮，成品柔软度适中，渗糖均匀，香糯可口。具体时间的选择要根据藕的嫩度来确定，嫩度越大，糖煮时间越短。

采用以上工艺生产的茶树花糖藕软糯适中，香甜可口，贮藏稳定，几乎不发生褐变现象。

（七）自制茶树花食品

消费者购买干制的茶树花后，一方面可以直接泡制花茶，另一方面也可以在家中利用干制茶树花制作甜品。这些自制甜点具有茶树花独特的清甜风味，带来不一样的舌尖美味。

1. 茶树花水晶糕

将干制的茶树花在热水中煮制，煮制后用漏勺将茶树花捞出，在获得的茶树花水中加入琼脂粉和白砂糖搅拌均匀。常用的琼脂粉包括寒天粉、吉利丁粉等。将搅拌好的液体倒入容器中，置于冰箱中冷藏，待液体凝固后即可获得茶树花水晶糕。亦可省略除去茶树花的步骤，在干茶树花煮好的茶树花水中直接加入吉利丁片和白砂糖，倒入模具后待其凝固，晶莹剔透的外形让人食欲大增。

2. 茶树花酱

摘取新鲜的茶树花花瓣，置于清水中洗净后放在清洁纸巾上吸水晾干。在研磨杯中分次加入茶树花花瓣，再加入白砂糖和清水研磨成酱。在锅中将清水小火加热后，依次加入吉利丁片和研磨好的茶树花酱，煮制片刻后加入新鲜的柠檬汁后搅拌均匀，倒入容器中冷却凝固后即可获得茶树花果酱。

3. 茶树花奶茶

将红茶包倒入开水中浸泡一段时间，取适量白砂糖置于杯中，将浸泡好的茶水缓缓倒入杯中，搅拌使白糖完全溶化。牛奶加热后即可倒入茶水中搅拌混匀，制备好的奶茶中加入自制的茶树花酱（制作方法参照前文），即可制成风味独特的茶树花奶茶。

4. 茶树花水信玄饼

水信玄饼是一种日本的传统小吃，常常加入樱花制作，我们也可以大胆尝试将茶树花与这种小吃相结合。首先将琼脂粉和糖按比例混合均匀，倒入热水锅中进行煮制，煮沸后置于冰中冷却。取干制的茶树花置于水信玄饼模具的底部，缓缓倒入大约一半模具体积的冷却好的液体，搅拌均匀并冷却后即可食用。也可在此基础上，在牛奶中加入琼脂粉和糖进行加热，同上述制作方法，煮热后置于冰中进行冷却。由于之前倒入的液体仅占了模具一半的体积，因此可以将制备好的牛奶琼脂液体倒入填满模具，待冷却后即可获得上下层两种风味的茶树花水信玄饼。

5. 茶树花慕斯蛋糕

将消化饼干压碎，饼干碎置于融化的黄油中搅拌，均匀铺于蛋糕模具底层并压实。取鸡蛋分离蛋黄和蛋清，在蛋黄中加入牛奶搅拌均匀后，置于热水中加热，再加入冷水浸泡后的吉利丁片进行搅拌直至其融化。在搅拌好的奶油奶酪中加入柠檬汁和制备好的蛋白液，搅拌均匀后加入打发好的淡奶油继续搅拌，慕斯液制备好后即可倒入蛋糕模具中。将冷水浸泡后的吉利丁片置于热水中充分融化，加入白砂糖和经过浸泡的干制茶树花，再次将制备好的液体倒入模具中，在冰箱中冷藏数小时后即可食用。在慕斯蛋糕胚中加入茶树花，既增加了产品独特的美感，也丰富了人们的味觉体验。

二、其他茶树花产品

（一）茶树花精油

茶树花中的挥发性物质主要包括烯烃、醛类、醇类、酸类、烷烃、酮类及酯类，苯乙酮是最主要的挥发性物质。精油的传统提取方法多采用水蒸气蒸馏法、溶剂萃取法、超临界 CO_2 萃取法和分子蒸馏法。

1. 超临界 CO_2 流体浸提法

余锐深入研究了超临界 CO_2 流体萃取茶树花浸膏工艺，一方面，利用超临界 CO_2 流体的高扩散性和高溶解性可促进茶树花中有效成分的溶出，同时加入夹带剂可提高溶出物质的选择性。另一方面，对所得的萃取物进行微胶囊化包埋，可控制其中挥发组分的损失，达到缓释效果。此外对超临界 CO_2 萃取后剩余的茶树花渣进行分析研究，提高茶树花整体的开发利用价值。

（1）技术路线和最优生产参数

选择超临界 CO_2 流体萃取，以 95%乙醇作为夹带剂，研究萃取压力、温度、时间和夹带剂添加量等因素对茶树花浸膏得率的影响，并采用单因素试验和响应曲面法获得萃取的最佳工艺参数。将干茶树花进行粉碎、过筛预处理，在超临界萃取装置中完成萃取过程后回收溶剂至少量。冷藏 12h 后进行抽滤，无水硫酸钠脱水后再次抽滤，回收溶剂至近乎干燥后进行真空干燥，最终得到茶树花浸膏。

选择萃取压力、温度、时间和夹带剂 4 个因素进行单因素实验，每次实验重复 3 次，并采用方差分析的 F 检验做单因素的显著性分析，判定各因素对茶树花浸膏得率影响的显著性。试验结果表明，萃取压力、温度和夹带剂的添加量会对茶树花浸膏得率有显著性影响，同时确定响应面优化的压力范围为 25～35MPa，温度范围为 38～58℃，夹带剂添加量范围为 20%～60%。响应曲面试验及方差分析结果表明，各因素对茶树花浸膏得率的影响显著程度排序为：压力>温度>夹带剂添加量，其中压力和温度的影响达到显著水平，压力和温度交互作用的影响也达到显著水平。之后，采用响应曲面法分别分析压力和温度、压力和夹带剂添加量、温度和夹带剂添加量的交互作用，结果表明压力和温度的交互作用显著，另外两种交互作用不显著。最终拟合实验数据获得得率的二次回归方程，根据回归方程到茶树花浸膏得率的最高值所需的参数条件，即在压力为 35MPa、温度为 48℃、夹带剂添加量为 43%的工艺条件下，得率可达 2.785%，得率可达回归。

（2）不同方法萃取茶树花所得浸膏的比较研究

茶树花浸膏中含有大量的活性成分，但不同萃取方法所得的组成和含量都不尽相同，试验通过采用超临界 CO_2 流体萃取、亚临界 CO_2 流体萃取和石油醚浸提法萃取茶树花浸膏，探讨不同萃取方法对浸膏中的不同组分的在组成和含量方面的影响。依次按照试验方法完成萃取过程后，采用气相色谱—质谱联用法（GC-MS）对所得浸膏的化学组成和含量进行比较分析，并采用 SPSS17.0 对 3 种萃取方法所得茶树花浸膏的主成分进行比较分析。

结果表明，3 种萃取方法所得茶树花浸膏在组成上差异并不大，但各组分在含量上差异较为显著。超临界 CO_2 萃取所得茶树花浸膏各组分的总绝对含量在 3 种方法中最高，其中酸类、芳香醇和芳香酮类、萜烯醇和萜烯酮类、脂肪醇类组分的绝对含量在 3 种方法中最高；亚临界 CO_2 萃取由于其低温低压作用使其各组分的总体含量在 3 种方法中最低，其组分中百分比较高的为烃类组分，而酸类、芳香醇和芳香酮类、萜烯醇和萜烯酮类、脂肪醇类、脂肪酮类和酯类的含量较为接近；石油醚浸提方面，由于其弱极性的特点，使烃类、脂肪酮类、酯类组分的绝对含量在 3 种方法中最高，而芳香醇和芳香酮类、萜烯醇和萜烯酮类组分绝对含量低于其他两种方法。主成分分析结果显示，超临界 CO_2 萃取所得的组分中对茶树花主体香气有贡献组分的相对含量多于能抵消主体香气的组分，而对主体香气既无贡献又抵消的组分也较多；亚临界 CO_2 萃取所得组分中对主体香气既无贡献又抵消的组分较少；石油醚浸提各组分中能抵消主体香气的组分相对含量多于有贡献组分，而对主体香气既无贡献又无抵消的组分也较多。

（3）β-环糊精包合制备茶树花浸膏微胶囊的工艺研究

微胶囊技术是用特殊的方法将固体、液体或气体物质包埋封存在一种微型胶囊内而成为固体微粒产品。β-环糊精（β-CD）包合法是以 β-环糊精为主体，以芯材为客体，通过一些物理的方法使客体留在 β-环糊精的特殊结构里，从而实现包合。这种技术可以防止香气成分的挥发、氧化和降解，降低其对温度和湿度的敏感度，同时还能改善其不同溶剂中的溶解性。

研究选择 β-环糊精为壁材，茶树花浸膏为芯材，通过搅拌法进行包接络合形成包合物，研究了壁芯比、包合温度、包合时间等因素对所得包合物的包合率的影响，并采用响应曲面法对包合工艺进行了优化。在 β 包合温饱和溶液中加入 0.5g 经乙醇溶解的茶树花浸膏，包合形成乳状液，冷藏 24h 后进行抽滤，加入少量石油醚洗至无气味，真空冷冻干燥后即获得 β 气味，茶树花浸膏包合物。选择壁芯比、包合温度、包合时间进行单因素试验，结果表明三者均对 β 包合温度茶树花浸膏包合率有显著性影响，并确定后续响应曲面试验的壁芯比范围为（8∶1）~（12∶1），包合温度范围为 50~60℃，包合时间范围为 1.5~2.5h。响应曲面试验及方差分析结果表明，各因素对 β 响应曲茶树花浸膏包合率的影响显著程度排序为：包合温度>壁芯比>包合时间，这 3 个因素的影响均达到显著水平，包合温度和包合时间的交互作用影响也达到显著水平。之后，采用响应曲面法分别分析壁芯比和包合温度、壁芯比和包合时间、包合温度和包合时间的交互作用。结果表明，仅包合温度和包合时间的交互作用显著。通过对数据进行拟合，获得得率的二次回归方程，发现采用 11∶1 的壁芯比，在 53℃ 条件下包合 140min，可得到包合率为83.585%。

（4）茶树花浸膏与茶树花渣的降血脂及抗氧化性能研究

在完成上述生产工艺条件优化试验后，余锐研究了茶树花浸膏与茶树花渣的降血脂及抗氧化性能。通过测定茶树花浸膏和茶树花渣乙醇萃取物与胆酸盐的结合能力来研究其降血脂能力，通过比较茶树花浸膏、茶树花渣乙醇萃取物与传统抗氧化剂2,6-二叔丁基-4-甲基苯酚（BHT）对DPPH自由基、超氧阴离子（$-O_2^-$）和羟基自由基（-OH）的清除能力来研究其抗氧化能力。试验结果表明，茶树花渣乙醇萃取物对胆酸盐的吸附能力明显强于茶树花浸膏，尤其在浓度为1~8mg/mL的范围，茶树花浸膏对胆酸盐的吸附能力较弱，在浓度大于8mg/mL的范围，茶树花浸膏对胆酸盐的吸附能力显著增强。茶树花浸膏与茶树花渣对3种自由基的清除率都随着样品浓度的增加而增加，尤其在浓度为1~16mg/mL的范围，样品对3种自由基的清除率增加幅度较大，而在样品浓度大于16mg/mL的范围，随着浓度的增加，茶树花渣乙醇萃取物和BHT对自由基的清除率增加幅度较小，而茶树花浸膏在此浓度范围，对自由基的清除率依然有较大幅度增加。

2. 石油醚浸提法

（1）石油醚浸提工艺研究

顾亚萍用石油醚浸提获得茶树花精油，通过单因素试验研究了浸提时液固比、回流时间、浸提次数对浸膏得率的影响。取茶树花粉称量后置于提取烧瓶内，加入沸程为30~60℃的石油醚进行搅拌回流提取。取一150mL平底烧瓶，称重后将石油醚分批倒入该烧瓶中，真空浓缩到近干后，置于40℃的真空烘箱中浓缩至干称重。再次加入石油醚重复提取操作，直至最后称重的质量基本不变。该浸膏提取实验重复三次后取平均计算浸膏得率。在浸膏瓶中倒入无水乙醇，冰箱冷藏、冷冻室中各放置12h后，取出进行快速抽滤。将滤液转移到一个已知质量的小烧瓶中，真空浓缩，回收乙醇到近干，再置于40℃烘箱中恒重后得到茶树花精油，称重后计算精油得率。取固液比、回流时间、浸提次数3个因素对提取工艺进行优化，最终获得茶树花精油实验提取的最佳条件为：石油醚：茶树花=15：1，1h提取，回流3次。但生产中可考虑设计索式抽提原理的提取器，或通过缩短浸提时间、增加浸提次数来提高生产率。

（2）干燥方式对茶树花精油组成的影响

干燥方式不同，茶树花外形、香气和色泽均不同，因而香气成分的组成也不同，通过烘箱干燥、快速干燥和常温干燥3种干燥方式获得茶树花，分别研究其对茶树花感官质量、茶树花精油成分的影响。烘箱干燥获得的茶树花大部分形态完整，略有粉末，茶叶香气很重，呈暗黄色；120℃过热蒸汽快速干燥获得的茶树花花朵保持性好、形态完整，稍带茶香气，呈黄色；常温干燥获得的茶树花柔软，且带有轻柔的花香味，色泽暗黄、略带蓝。成分分析结果表明，烘箱干燥茶树花精油，香气成分残留很少；120℃快速干燥茶树花精油，具有浓郁的茶香气；常温干燥茶树花精油则具有柔和的花香。因而实际操作中，需要根据精油的具体用途以选择合适的干燥方式。

精油可在香水香薰等化妆品中得到广泛应用。此外茶树花精油也可应用于食品领域中，白晓莉等发现在卷烟中加入一定量的茶树花精油可以提升卷烟的香气量、香气质和改善余味等感官质量指标。将茶树花精油应用于卷烟的工艺已经申请了专利。

（二）茶树花卷烟

茶树花中含有丰富的香气物质和多种有益人体健康的活性物质，其在烟草中应用方式变化多样。不仅能够赋予香烟独特的香气，其抗氧化和抗菌等活性物质更能够有效减少其中的有害成分，提高香烟的吸食安全性。

1. 茶树花精油在烟草中的应用

亚临界水提取茶树花精油作为高端天然精油，其在烟草中的应用具有独特的优势，它不仅具有独特的香气和风味，更具有优越的抗氧化、抗菌等生物活性。将茶树花精油制备成微胶囊制品添加到烟丝中，在高温下研究精油成分的释放规律。

（1）亚临界水提取制备茶树花精油

将预处理好的茶树花粉末放入萃取罐中，去离子水在预热器中预热达到设定温度后进入到萃取罐中。当萃取罐达到设定值时开始计时，萃取一定时间后提取液经集冷器放入到收集器。在获得的萃取液中加入一定量的 NaCl 充分搅拌溶解，进行破乳。按照提取液与有机溶剂 1∶1 的比例，加入 CH_2Cl_2 并充分混合，静止 30min 后分液，收集有机层并加入适量无水硫酸钠，过滤后收集滤液。最后将滤液蒸发浓缩后收集萃取物，即为所需的茶树花精油产品。

（2）制备茶树花精油微胶囊

称取变性淀粉质量∶麦芽糊精复合物质量=60∶40 于烧杯中，加入一定量的蒸馏水，60℃水浴中搅拌至完全溶解，冷却至室温。分别将一定量的茶树花精油（茶树花精油与复合缓释剂质量比为 1∶12、固形物的含量为 40%）慢慢加到已配制的缓释材料溶液中，用高速分散机持续均质 5~10min，形成乳化液。在一定条件下，将配好的均匀乳化液喷雾干燥（进风口的温度190℃，出风口温度80℃），可得固态流动性的粉末微胶囊产品。

（3）茶树花精油微胶囊的热重分析（TGA）

TGA热分析系统自动调零后，称取一定量的含茶树花精油微胶囊产品的烟丝，放入氧化铝样品盒中。温度范围为25～900℃，升温速率为10℃/min，载气为惰性气体（N_2：O_2=91：9）高纯氮气，流速为20mL/min。在升温过程中，失量和温度的升高变化作为温度和时间的函数被记录下来。

（4）茶树花精油微胶囊中茶树花精油质量分数的测定

称取一定量的茶树花精油微胶囊产品放入带塞三角瓶中，加入40mL无水二氯甲烷，在30℃的条件下振荡30min，过滤后取滤液。在滤液中加入一定量的无水硫酸钠除水，过滤后滤液旋转蒸发称重，可得微胶囊中总的茶树花精油质量m_1，以茶树花精油质量m_1与烟草总质量m之比表示其质量分数c，即：c（%）=（m_1/m）×100。

试验结果表明，烟丝在198.02℃和427.53℃时，均在前期发生茶树花精油在固体表面的释放，满足一级动力学；在后期发生茶树花精油进入固体微孔内释放阶段，其释放行为满足二级动力学。

2. 茶树花多糖在烟草中的应用

经查询多项相关产品专利可知，可以以超滤的提取方式获得纯度较高的茶树花低聚糖和多糖，将具有一定配比的低聚糖和多糖，以一定的质量比加入烟丝中。结果表明，茶树花低聚糖、多糖应用于卷烟中不改变卷烟原有的加工工艺，且明显改善卷烟的吸食品质，提高了卷烟的感官舒适度，因此更具有实际生产的意义和价值。

3. 茶树花香精在烟草中的应用

该应用主要是以茶树花提取物为主，辅以一定的果香香料，通过配伍性研究，确定各组分的比例，从而调配出具有特殊特征的茶树花香精，并将其加入卷烟中，从而赋予卷烟果香香气特征，改善卷烟的吸食品质和感官舒适度。

4. 茶树花提取物组合物在烟草中的应用

企业在开发新型香烟时，创造性地将多种茶树品的茶树花进行配伍后加入卷烟中，在不改变卷烟的原有性能、不改变卷烟原有的加工工艺的基础上，能够提升卷烟香气的丰满度，提高卷烟香气的透发性，带给卷烟抽吸者回甜生津的感受，杂气、刺激性得到改善，整体吸食品质得到提高。

（三）茶树花动物饲料

茶树花本身是一种优质蛋白质的营养源，同时含有多种活性成分，将其加入动物饲料中不仅可以供给动物所需的营养物质，而且可以提高动物的抵抗力，减少药物的使用。目前国内已有多项茶树花动物饲料专利，包括肉鸡饲料、牦牛饲料、火鸡饲料等。此外，将新鲜的茶树花经过杀菌处理以后，接入复合菌种进行固态发酵，再将其发酵物用于猪饲料中，既可提高饲料的利用率，又可提高猪肉质量。

（四）茶树花化妆品

由于茶树花含有多种活性成分，包括茶多酚、茶皂素、过氧化物歧化酶以及丰富的黄酮类物质，茶树花具有抑菌、抗炎、防辐射、抗衰老等养颜护肤的保健功效。同时，茶树花香气浓郁，含有多种挥发性成分，因此在化妆品及洗护用品中具有广阔的应用前景。其主要应用方式是将茶树花处理后获得提取液，按照适当的比例加入产品中。目前已有多种产品的生产工艺申请了专利，包括洗面乳、面膜、护肤霜、洁面皂、祛痘液等。也有部分产品将茶树花提取液与茶树花精油结合，使产品具有良好护肤功效的同时具有独特的香气。此外，茶树花洗手液、茶树花洗衣液等洗化用品也陆续引起了人们的注意。

三、茶树花产品生产实例——四川雅安全义茶树花科技有限公司

四川雅安全义茶树花科技有限公司是自然人股份有限企业，是2003年由原雅安市全义茶场发展而成。该公司注册资金1000万元，公司生产区和办公区占地面积共3300m^2，建筑面积2600m^2，公司直接管理茶园100亩，是市、区的良种茶母本园之一，有30个国家级茶树新品种。现有机器设备50台套，生产名优茶年产能100t，实际每年生产茶叶60t左右，生产茶树干花40t左右。公司基地茶园面积2800亩（彩图6），带动农户3128人，是四川农业大学茶叶系的免费实验基地。

公司自行研发新型茶叶、茶树花产品，获国家产品专利30多个，新型专利9个。自主研发的新型产品具有独特的人体保健作用和品质风味。主要产品包括绿茶、黄茶、白茶、红茶、藏茶、茉莉花花茶，新型产品包括绿茶茶树花茶、黄茶茶树花茶、红茶茶树花茶、藏茶茶树花茶、白茶茶树花茶、茶树花茶。该公司的注册商标见图4-8。

2004年注册商标　2016年注册商标　2016年注册商标

圆和

图 4-8　四川雅安全义茶树花科技有限公司注册商标

四川雅安全义茶树花科技有限公司生产的茶树花产品有鲜茶树花干燥得到的茶树花，还有与红茶、绿茶、藏茶拼配得到的调配茶。该公司制定了一系列生产茶树花相关产品的企业标准，包括 Q/CSH 0001S—2017《茶树花》、Q/CSH 0002S—2017《藏茶茶树花》、Q/CSH 0003S—2017《红茶茶树花》、Q/CSH 0004S—2017《绿茶茶树花（调配茶）》（文本详见附录Ⅱ）。这些标准规定了茶树花相关产品的原辅料、感官、理化指标、污染物限量等技术指标，以及检验规则、标志、标签、包装、运输、贮存和保质期等。

主要参考文献

白婷婷，孙威江，黄伙水，2010. 茶树花的特性与利用研究进展［J］. 福建茶叶，32（z1）：7-11.

白晓莉，董伟，彭国岗，等，2013. 亚临界萃取茶树花精油微胶囊在烟草中的释放动力学研究［J］. 食品工业（8）：165-168.

蔡华珍，于帮才，2007. 低糖桂花糯米藕的工艺研究［J］. 食品工业科技（12）：150-152.

陈小萍，张卫明，史劲松，等，2007. 茶树花利用价值和产品的综合开发［J］. 现代农业科技（3）：97-98.

傅志民，2010. 茶树花生化组成、活性成分和资源利用研究进展［J］. 中国茶叶加工（2）：18-20.

顾亚萍，2008. 茶树花的综合利用——茶树花中多糖和香气成分的提取与分析［D］. 无锡：江南大学.

顾亚萍，钱和，2008. 茶树花香气成分研究及其香精的制备［J］. 食品研究与开发，29（1）：187-190.

官兴丽，罗理勇，曾亮，2009. 茶树花的开发利用研究进展［C］//中国茶叶科技创新与产业发展学术研讨会论文集. 重庆：2009 年中国茶叶科技创新与产业发展学术研讨会.

黄赟赟，张士康，朱跃进，等，2016. 红茶白巧克力产品开发及红茶抗白巧克力霜花研究［J］. 中国茶叶加工（2）：16-20.

江平，赵国利，2008. 茶树花初加工技术研究［J］. 茶业通报，30（4）：191-192.

李长青，2006. 茶树花粉的营养与开发前景［J］. 茶叶科学技术（4）：6-9.

李秋萍，2007. 米花糖制作技术［J］. 农家科技（7）：36.

李少华，李善斌，2012. 茉莉花冰淇淋的制作工艺［J］. 食品研究与开发，33（4）：111-114.

李艳霞，2015. 抹茶曲奇的工艺研究［J］. 食品安全导刊（33）：142-145.

李翼岑，孔繁东，2017. 新型蔬菜面条的开发与研究［J］. 现代食品（24）：64-70.

梁名志，浦绍柳，孙荣琴，2002. 茶花综合利用初探［J］. 中国茶叶，24（5）：16-17.

凌彩金，庞式，2003. 茶花制茶工艺技术研究报告［J］. 广东茶业（1）：12-15.

洛然，2010. 花香豆浆让这个春天灿烂一季［J］. 中国市场（21）：74.

马德娟，黄启超，2012. 玫瑰鲜花酥饼馅的研制［J］. 食品研究与开发，33（8）：112-114.

庞式，凌彩金，2002. 茶树花开发利用的思路及其效益［J］. 广东茶业（3）：39-40.

鄯颖霞，陈启文，白蕊，等，2013. 茶树花苹果酒的发酵工艺研究［J］. 食品工业科技，34（16）：207-211.

王秋霜，赵超艺，凌彩金，等，2009. 国内外茶树花研究进展概述［J］. 广东农业科学（7）：35-38.

王晓婧，翁蔚，杨子银，等，2004. 茶花研究利用现状及展望［J］. 中国茶叶，26（4）：8-10.
魏福荣，姜国富，2001. 香菇营养挂面的研制［J］. 粮油加工与食品机械（12）：49-50.
邬龄盛，王振康，2005. 茶树花菌类茶研究初报［J］. 福建茶叶（4）：10.
邬龄盛，叶乃兴，杨江帆，等，2005. 茶树花酒的研制［J］. 中国茶叶，27（6）：40.
伍锡岳，熊宝珍，何睦礼，等，1996. 茶树花果利用研究总结报告［J］. 广东茶业（3）：11-23.
杨普香，2008. 茶树鲜花资源利用研究进展［J］. 蚕桑茶叶通讯（5）：28-30.
于健，张玲，麻汉林，2008. 茶树花酸奶的研制［J］. 食品工业（4）：42-44.
余锐，2012. 茶树花的超临界 CO_2 萃取及其浸膏的功能性研究［D］. 广州：华南理工大学.
赵旭，顾亚萍，钱和，2008. 茶树花冰茶的研制［J］. 安徽农业科学，36（7）：41.
钟蓉，1991. 谈谈茶树花粉的多种应用［J］. 茶叶（3）：46-47.

第五章　茶树花相关专利

一、茶树花加工工艺相关专利

据测算，一株直径80cm左右树冠的茶树，历经春、夏、秋三季，可以生长出2000~3000个做茶叶的营养芽，同时，又能生长3000~8000个繁殖后代的生殖花芽。茶树花是一种无须重新栽培、储量丰富、年年可再生的天然资源，含有多种有效成分和活性物质，与茶叶基本相同。由于茶树花鲜花存放的时间非常有限，因此新鲜茶树花的及时加工对其保存和后续利用具有极为重要的意义。同时，在加工过程中如何最大限度地降低花内含物质的损失，是增产提质的关键。目前，国内已有多项专利，具体如下。

1. 发明名称：茶树花加工工艺（授权）

【申请号】01123633.7

【申请日】2001年8月20日

【专利权人】徐纪英

【发明人】徐纪英

【摘要】本发明涉及一种茶树制品的加工工艺，特别涉及一种茶树花的加工工艺。本发明工艺分为采摘、脱水、蒸青、干燥、速冻和粉碎程序。采摘程序：选择茶树花在授粉前的2~3天至授粉后的2~3天采摘，采摘时采用竹制或塑料制空心花篮盛放，采摘的茶树花要求立即分级后摊开；脱水程序：要求摊放在竹席或水泥地面上，厚度在2~5cm，每隔1h轻翻一次，鲜花摊放脱水时间不超过10h，最佳摊放时间为6h；脱水后进入蒸青程序，直接采用制茶蒸青机，控制花受热温度为80~100℃；干燥程序：干燥分为多次进行，最佳分3~4次干燥，干燥时温度控制在60~180℃，干燥机烘花扳上花的厚度分别在2~3cm，每次干燥后需下机摊晾，摊晾时间逐次延长；速冻程序：在-40~-20℃温度中速冻20min；粉碎程序：取出后立即放入粉碎机中粉碎。本发明的整个加工生产工艺均是采用自然的加工方法，其中不包含任何化学反应或化学提取方法，最大限度地保持茶树花的自然营养成分和各种有效成分。

2. 发明名称：茶树花、果的原浆生产工艺（授权）

【申请号】200680040449.4

【申请日】2006 年 7 月 19 日

【专利权人】徐纪英

【发明人】徐纪英

【摘要】一种茶树花、果的原浆生产工艺。包括精选花、果，清洗甩干，萎凋，过滤，在清洗甩干步骤后和过滤步骤前设有破碎绞磨步骤。还提供另一种工艺，包括精选花、果，清洗蒸鲜，摊晾，过滤，在摊晾步骤后和过滤步骤前设有破碎绞磨步骤。

3. 发明名称：一种原色球状茶树花的加工方法（授权）

【申请号】201210337603.1

【申请日】2012 年 9 月 13 日

【专利权人】余姚市瀑布仙茗绿化有限公司

【发明人】王开荣、韩震、张龙杰、李明

【摘要】一种原色球状茶树花的加工方法，其步骤为：花蕾采摘与分类；对白苞进行催花促香处理，对白蕾、绿蕾进行预脱水处理；采用微波导热方式进行灭活，其中白苞采用低通量微波灭活，白蕾、绿蕾采用高通量微波灭活；采用摊放、微波交替由内而外受热的慢速干燥方式进行制干，使花体内外水分均匀散失，达到基本干燥、色泽和形态不变的加工要求；在烘干机或烘箱中进行烤花，采用由外至内的受热方式，其中白苞采用低温外热式进行，白蕾、绿蕾采用中温外热式进行。本发明采用花苞初放前的花苞、花蕾为原料，采用独创的催花和预脱水处理，制得的产品色泽美观、形态优美、产品安全性高，有效地利用了茶树花资源，提高了资源利用效率，其工艺流程如图 5-1 所示。

4. 发明名称：一种茶树花的加工方法（授权）

【申请号】201310513241.1

【申请日】2013 年 10 月 25 日

【专利权人】贵州湄潭沁园春茶业有限公司

【发明人】赵吉伟

【摘要】本发明提供了茶饮品加工领域的一种茶树花的加工方法，包含采摘、萎凋、杀青、高温脱水、分筛、烘焙、摊凉、低温干燥和包装过程，通过采

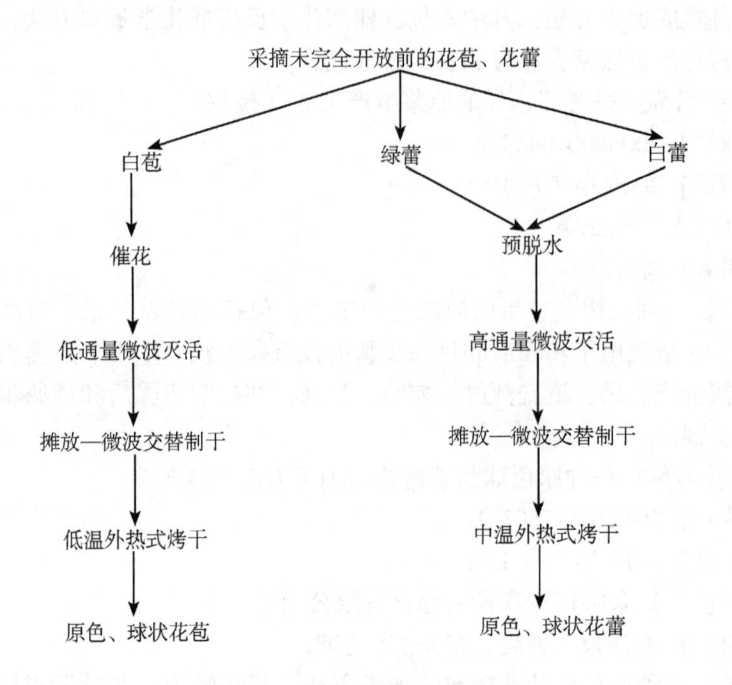

图 5-1 球状茶树花加工流程

摘时间的准确把握，保证的茶树花的营养价值最大限度保留；使用内设有离心设备的微波炉进行高温脱水，保证了茶树花不受燃料的污染，在加热更均匀的同时能快速脱去水分；通过改变烘焙温度，可以在去掉茶树花水分的同时最大限度保护茶树花中对人体有益的成分；通过低温干燥，避免了茶树花在自然降温过程中吸收空气中的水分，增加干茶树花的保质期。

5. 专利名称：一种茶树花的加工方法（授权）

【申请号】201410279487. 1

【申请日】2014 年 6 月 20 日

【申请人】广西壮族自治区桂林茶叶科学研究所

【发明人】王小云、谭少波、文兆明、杨春、陈三弟、廖贤军、王志萍、林国轩、庞月兰、刘玉芳

【摘要】本发明涉及一种茶树花的加工方法，包括采摘茶树花、萎凋、杀青、干燥、包装。本方法利用微波杀青机迅速、短时完成杀青，同时，在杀青过程中大量水分子从茶树花中逸出蒸发，起到初步干燥目的，能最大限度地保持鲜

茶树花的色、香、形、味不变，同时，最大限度地保留其有效物质，制得高香优质茶树花。

6. 发明名称：茶树花的加工方法（授权）

【申请号】201410327318.0

【申请日】2014 年 7 月 10 日

【申请人】葛智文、鹿寨县大乐岭茶业有限公司、陈美丽、安丰轩

【发明人】葛智文、余树朋、陈美丽、安丰轩、廖寅平、吴永秋、张征、窦汉明、王熙富、卢宗军

【摘要】本发明公开了一种茶树花的加工方法，涉及加工技术领域，包括以下步骤：于 10 月中旬至 12 月上旬采收茶树花花苞；剪除花托，摊放于水筛；将花苞放入纱布袋内进行冷冻，温度低于-20℃，冷冻 12~14h；再将花苞放入真空干燥机进行冷冻干燥，温度低于-20℃时，抽真空，至压力为 0.1MPa 时，开启油加热系统，加热温度为 50~52℃，持续加热干燥 24~26h，至花苞水分含量≤4%；将花苞放入烘焙机进行烘焙，温度为 90~100℃，时间为 15~20min。本发明解决了茶树花加工产品外形欠饱满、欠美观、色泽欠鲜活、香气低闷不纯正、汤色偏黄欠明亮等不利于品质提高的问题。

7. 发明名称：茶树花加工工艺（实质审查的生效）

【申请号】201510068761.5

【申请日】2015 年 2 月 10 日

【申请人】陈国远

【发明人】陈国远

【摘要】本发明涉及茶树花的加工工艺，将鲜花采摘、雾洗、去生、干燥、提香等程序结合，即时锁住花期进程，留住茶树花中的各种有效成分，特别是黄酮类物质、茶多糖、茶多酚、茶皂素、蛋白质等各种物质均能保留较多，活性增强，茶树花花蒂中的青涩味消失殆尽，口感清爽甘甜，回味悠久，具益元强精、消浊丽容的养生功能；在制作时极为注意对花形的保护，并开发了独有的喷雾雾洗法，使花形非常完整，观感美丽，冲泡在杯中，群花飞舞，是不可多得的养生产品，相比现有茶树花产品极大地提高了口感和杯中观感，更具养生功能。

8. 发明名称：一种加工茶树花的方法（授权）

【申请号】201510168929.X

【申请日】2015 年 4 月 10 日

【申请人】贵州湄潭兰馨茶业有限公司、贵州兰馨时尚茶品有限公司

【发明人】金循、熊辉、徐才梅、谭世喜

【摘要】本发明涉及一种加工的茶树花方法，包括采摘茶树花、萎凋、杀青、干燥、包装。本方法利用微波杀青机在200～210℃高温、1～2min的瞬时条件下迅速完成杀青，使大量水分子快速从茶树花中逸出蒸发，耗时短，起到初步干燥目的，还能有效地保留茶树花的水浸出物、茶多酚和游离氨基酸；在干燥程序采用200～210℃和150～160℃两段不同温度，对杀青后的茶树花进行高温短时干燥，避免因干燥时间长而影响茶树花的色泽、香味和形态，以及有效成分的损失。本发明的加工方法，能最大限度保持鲜茶树花的色、香、形、味不变，最大限度地保留其有效物质，制得高品质的茶树花。

9. 发明名称：茶树花鲜花二级滤水的加工方法（实质审查的生效）

【申请号】201610991169.7

【申请日】2016年11月10日

【申请人】湄潭县京贵茶树花产业发展有限公司

【发明人】金志伟、金大伦

【摘要】本发明公开了一种茶树花鲜花二级滤水的加工方法，包括以下步骤：第一步，采摘；第二步，分类；第三步，准备滤水装置；第四步，一级滤水；第五步，静置茶树花；第六步，二级滤水；第七步，集装。采用本方法，极大缩短了在阴雨天采摘的茶树花加工前的准备时间，节省可生产时间，并且节约了生产成本，同时有效利用茶树花中的水，用于提升茶叶的香味。其装置示意图见图5-2。

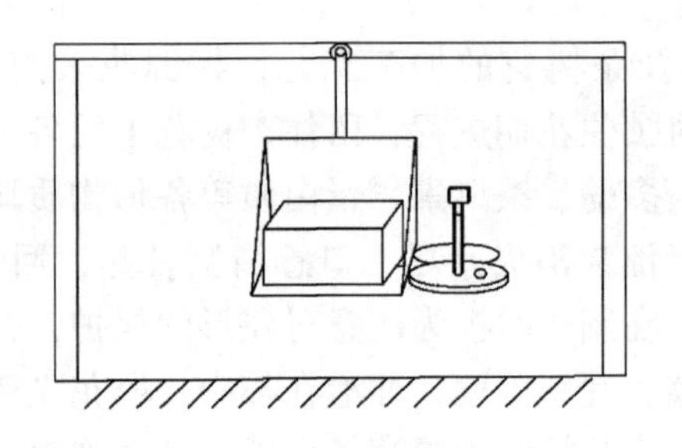

图5-2 茶树花鲜花二级滤水装置示意

10. 发明名称：茶树花热风回旋速窨的方法（实质审查的生效）

【申请号】201610991168.2

【申请日】2016年11月10日

【申请人】湄潭县京贵茶树花产业发展有限公司

【发明人】金志伟、金大伦

【摘要】本发明公开了一种茶树花热风回旋速窨的方法，包括以下步骤：第一步，采摘；第二步，除杂；第三步，搭建速窨设施；第四步，放置茶树花；第五步，速窨；第六步，杀青；第七步，摊晾降温；第八步，逐级降温烘干；第九步，冷却；第十步，包装。采用本方法，减少了对茶树花中的花色苷、多酚类物质等活性成分的损失，保证了茶树花的品质。其装置示意图见图 5-3。

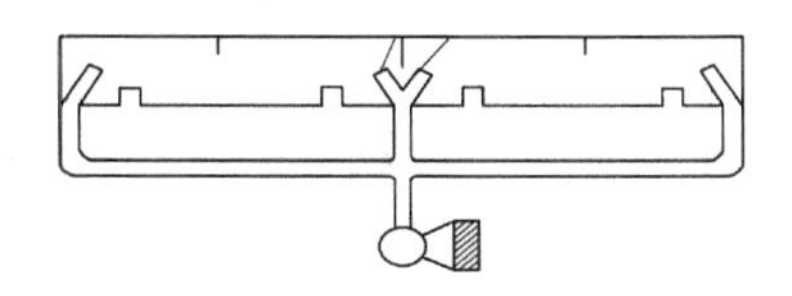

图 5-3 茶树花热风回旋速窨装置示意

11. 发明名称：一种带烤红薯香茶树花的加工方法（实质审查的生效）

【申请号】201611012964. 3

【申请日】2016 年 11 月 17 日

【申请人】湄潭银柜山茶业有限公司

【发明人】陈正芳、杨永刚

【摘要】本发明提供一种带烤红薯香茶树花的加工方法，工艺步骤如下：选取新鲜茶树花；将茶树花放入蒸锅中蒸 3～5min 或用开水煮 3～5min；取出茶树花，将茶树花炒干，将茶树花摊放于通风良好的室内，摊放厚度 3～10cm，保持室温 15～32℃，避免阳光直射；将摊晾后的茶树花投入提香机中提香。对茶树花进行加工，提高其口感及品质，进一步对茶树花进行开发利用，提高其商业价值。

二、茶树花提取物制备方法及应用的相关专利

茶树花与茶叶一样，含有多种对人体有益的功效成分，如茶多酚、蛋白质、氨基酸、茶皂素、维生素、矿物元素、茶多糖、黄酮类物质、SOD 以及多种挥发性成分，具有解毒、降脂、降糖、抗衰老、抗癌、抑癌、滋补、壮体、养颜美容等功效。因此，探究茶树花中重要提取物的有效制备方法，对于相关食品、药品、化妆品的开发以及其生产加工工艺的规模化、产业化具有重要意义。目前，其专利主要涉及重要茶树花提取物的制备方法和在卷烟中的应用，具体如下（涉

及提取物应用于卷烟的专利将在食品部分具体介绍，在此不作赘述）。

1. 发明名称：从茶树花中提取茶多酚的加工工艺（专利权终止）

【申请号】200610086043.1

【申请日】2006年7月18日

【申请人】扬州大学

【发明人】黄阿根、董瑞建、刘国艳

【摘要】从茶树花中提取茶多酚的加工工艺，涉及茶树花、茶叶多酚分离纯化的制备工艺。它包括以下步骤：第一，制干茶树花粉；第二，超声波浸提，制提取液；第三，提取浓缩，微滤，微滤后进行超滤，制得超滤处理滤液；第四，采用中等极性吸附树脂，吸附，得多酚提取液；第五，将提取液制为浸膏，再将浸膏制为茶树花多酚精粉。本发明与现有茶叶制备茶多酚方法相比具有如下优点，针对茶树花多酚含量丰富，色素杂质少、稳定性好的特点，进行综合开发利用，变废为宝，代替茶叶提取天然茶多酚，为医药、食品、化妆品等行业提供高品质的原料、添加剂。本发明提高了茶树花资源利用率，适应规模化生产，降低能耗和生产成本，增强生产的竞争力。

2. 发明名称：一种动静态组合亚临界 CO_2 萃取制备茶树花浸膏的方法（授权）

【申请号】201110243671.7

【申请日】2011年8月24日

【申请人】华南理工大学

【发明人】黄惠华、余锐、刘艳丰、王娟

【摘要】本发明涉及一种动静态组合亚临界 CO_2 萃取制备茶树花浸膏的方法，属于天然产物加工领域。本发明方法包括茶树花的选摘、脱水、破碎、夹带剂选择、动静态组合亚临界 CO_2 萃取、分级分离和浓缩等工序。本发明方法萃取条件温和，能有效保留茶树花中的苯乙酮、青叶醇、苯乙醇和α-苯乙醇等主体香气成分，能高效萃取茶树花的香气组成中的极性和极性成分，萃取效率高。所得的茶树花浸膏可直接作为产品，亦可在进一步分离纯化后制成高级香精或香薰产品，具有可观的市场前景和开发价值。

3. 发明名称：一种茶树花蛋白提取物及其应用（授权）

【申请号】201410429372.6

【申请日】2014年8月28日

【申请人】浙江大学

【发明人】吴媛媛、侯玲、屠幼英、朱羚玮、陈琳

【摘要】本发明公开了一种茶树花蛋白提取物及其应用。所述茶树花蛋白质提取物的制备方法包括：第一，将茶树花干燥、粉碎，得到茶树花粉末；第二，用碱法或酶法浸提茶树花粉末，取浸提液；第三，将浸提液脱色后，调节pH值使蛋白质沉淀，最终分离得到所述茶树花蛋白质提取物。本发明通过碱法浸提和酶法浸提获得所述茶树花蛋白质提取物，其中碱法的提取率达到91.45%，酶法的提取率达到79.12%，提取率均较高，实现对茶树花资源的有效利用。与茶叶蛋白相比，本发明的茶树花蛋白提取物，具有优异的持水性、吸油性、乳化性、起泡性和抗氧化性，能用于制备性能更佳的抗氧化剂、起泡剂和乳化剂。

4. 发明名称：一种茶树花提取物在提高茶叶及茶制品起泡性中的应用（实质审查的生效）

【申请号】201511004499.4

【申请日】2015年12月28日

【申请人】安徽农业大学

【发明人】刘政权、张正竹、陈全胜、邓威威、张洪涛、黄潇、王丙武、冯巩

【摘要】本发明提供一种茶树花提取物在提高茶叶及茶制品起泡性中的应用。所述茶树花提取物为对茶树花进行浸提处理所得的提取液，或为对所述提取液进行浓缩处理所得的浓缩液，或为对所述浓缩液进行干燥处理所得的干粉。将干粉溶解于溶剂中，然后在茶叶的加工过程中，以干粉计按茶叶干重的1%~10%加入茶叶中，待茶叶的所有加工过程完成后，即得所述高起泡性茶叶；或者以干粉计按茶叶干重的1%~10%加入成品茶叶中，干燥后即得所述高起泡性茶叶。本发明将茶树花提取物加入茶叶、速溶茶、茶浓缩液等茶制品中可以获得相应高起泡性的茶制品，解决了出口所需及国内外部分调饮类茶叶对高起泡性的要求，而且充分利用了茶树花，避免造成资源浪费。

5. 发明名称：一种茶树花蛋白酶及其制备方法和应用（授权）

【申请号】201610067080.1

【申请日】2016年1月29日

【申请人】中国科学院华南植物园

【发明人】杨子银、傅秀敏、陈义勇、梅鑫、周瀛

【摘要】本发明公开了一种茶树花蛋白酶及其制备方法和应用。将茶树花与聚乙烯聚吡咯烷酮混合研磨成粉末，然后加入pH值5~10的缓冲液提取，使蛋

白质溶于溶液中，离心取上清液，在上清液中加入硫酸铵，得到饱和度为20%~70%硫酸铵沉淀的蛋白质，即为茶树花蛋白酶。本发明利用了废弃与可再生的茶树花资源，同时发现该资源中富含活力非常高的蛋白酶，即茶树花蛋白酶，该茶树花蛋白酶可显著增加茶饮料中氨基酸含量，活力显著强于商业化蛋白酶。此外茶树花蛋白酶制备步骤简单、反应条件宽，与茶叶具有极高同源性，相比添加外源酶更具安全性与实效性。

6. 发明名称：一种茶树花精油的制备方法（授权）

【申请号】201611132582.4

【申请日】2016 年 12 月 9 日

【申请人】宜春元博山茶油科技农业开发有限公司

【发明人】包珍、张爱民、张小珍

【摘要】本发明是提供一种茶树花精油的制备方法，是以茶树花为原料，采用超高压萃取法进行制备，包括如下步骤：第一，茶树花预处理；第二，超高压处理；第三，收集保存茶树花样品液。其制备工艺简单，制备出的茶树花精油保存时间长也不会发生变化。制备的茶树花精油可作为高端天然精油使用，不仅具有独特的香气和风味，更具有优越的抗氧化、抗菌等生物活性，具有抗菌消炎、抗肿瘤、抗病毒、解热镇痛、舒缓压力、镇静等功效，在食品、日化及医药领域都具有良好的应用前景，实现了变废为宝。

三、茶树花食品相关专利

（一）茶树花茶相关专利

茶树花是从茶树体上采摘的鲜花，与茶树芽、叶同生于一体，茶树花与茶叶一样，含有很多对人体有益的物质，包括茶多酚、茶多糖、氨基酸、蛋白质、茶皂素等多种有益成分。同时，茶树花具有芳香，且花香馥郁持久，可以直接采摘制成茶树花茶，不仅兼有鲜花和茶叶的风味，又具有茶叶的各种保健功能。此外，茶树花亦可与茶鲜叶复配，调配的茶品不仅风味独特，而且具有极高的保健价值，大大提高茶树花的资源利用率，增加了茶农的收入。目前，国内的相关专利主要涉及茶树花与茶叶等的复配工艺。

1. 发明名称：一种茶树花竹叶芯茶制作方法（授权）

【申请号】201310497265.2

【申请日】2013 年 10 月 22 日

【申请人】镇江市丹徒区上党墅农茶叶专业合作社

【发明人】马汝全、付玉香

【摘要】本发明公开了一种茶树花竹叶芯茶制作方法，它包括以下步骤：第一，在茶树花授粉前后的各 2～3 天内，将优质茶树花摊晾，用电热加方式杀青（温度 100～120℃，时间 50～60s）后分两次烘干，含水量控制在 6%以下；第二，将优质竹叶芯清洗、沥干或甩干后摊晾，切成长 1～2cm 后杀青（温度 140～160℃，时间 60～80s）、搓捻、烘干，含水量控制在 6%以下；第三，将所得茶树花茶、竹叶芯茶按重量比 1：1.5 搅拌均匀；第四，将所得茶树花竹叶芯茶按每袋 2.5g 或 5g 用食品级塑料袋包装。利用本发明方法制作的茶树花竹叶芯茶香味浓，花色好，有利于增强人的解毒、抑菌、降糖、防癌抗癌功能和免疫力。

2. 发明名称：一种茶树花黑茶的加工方法（授权）

【申请号】201510209211.0

【申请日】2015 年 4 月 29 日

【申请人】广西凌云浪伏茶业有限公司

【发明人】黄大雄、罗国包、覃丽青、黄尤新、陆崇绍、覃福方、刘宗升、贺汤强、黄金升

【摘要】本发明的公开了一种茶树花黑茶的加工方法，先将采摘的新鲜茶树花进行摊花 4～6h，然后进行杀青，晒干，再转入湿度为 80%～85%的环境中发酵 30～40 天；发酵完成后的茶树花进行风干，再用 100～106℃的蒸汽进行蒸制 3～4min；最后陈化即可得到茶树花黑茶。本发明的方法加工出来的茶树花黑茶，外形匀整成颗，色泽乌黑油润，汤色泽棕红明亮、滋味醇和甘滑、香气浓郁绵长回甘，有果蜜香。

3. 发明名称：一种茶树花茶制备方法（授权）

【申请号】201510313682.6

【申请日】2015 年 6 月 8 日

【申请人】黄山光明茶业有限公司

【发明人】谢锋、谢四十、郑素美、郑素燕、谢俊

【摘要】本发明公开了一种茶树花茶制备方法，包括采摘→清洗（超声波）→加酶破壁→加温萎凋→凉花→酶促发酵→烘干→去杂→灭菌→包装等工序。本发明通过酶解破壁作用，能够破坏茶树花粉的细胞壁，使营养保健物质浸出，增强其功能作用。同时，通过萎凋、发酵，使茶多酚发生转化，减轻茶树花

茶的苦涩味，提高茶树花茶的口感。本发明可广泛应用于茶树花茶的制备领域。

4. 发明名称：一种茶树花绿茶及其制备方法（实质审查的生效）

【申请号】201610705437.4

【申请日】2016 年 8 月 22 日

【申请人】四川雅安全义茶树花科技有限公司

【发明人】张全义

【摘要】本发明公开了一种茶树花绿茶及其制备方法，它的重量百分比组成为：绿茶 55%～65%，茶树花 35%～45%。将绿茶和茶树花按照比例混合，封装入茶袋中制成袋茶即可。本发明将茶树花和绿茶结合起来，茶树花与茶叶一样，也有很多对人体有益的养生功效。因为茶树花生长期较长，所以含有多种对人体有益的物质，特别是抗氧化物质含量很高，其抗氧化能力也是比较强的。同时，还具有解毒、降脂、降糖、抗衰老、抗癌、抑癌、滋补、壮体、养颜美容等功效。本发明降低了绿茶特有的苦涩味，使茶汤更柔和，增加了茶汤的甘甜味。

5. 发明名称：一种基于白茶工艺的后发酵茶树花花茶及其制备工艺（实质审查的生效）

【申请号】201611157233.8

【申请日】2016 年 12 月 15 日

【申请人】李作丹

【发明人】李作丹

【摘要】本发明公开了一种基于白茶工艺的后发酵茶树花花茶及其制备工艺，它包含鲜花采摘、自然萎凋、初烘、摊凉发酵、再烘、后发酵、复烘、拣剔、贮藏和包装等制备步骤。本发明制作的产品具有汤色金黄清澈，滋味清淡回甘的品质特点；能更好地保持茶树花轻微发酵茶的外形完整，具有更好的观赏性；同时，还具有解毒、降脂、降糖、抗衰老、抗癌、抑癌、滋补、壮体、养颜美容等功效。

（二）茶树花酒相关专利

酒是人类生活中的主要饮品之一。中国酒文化源远流长，名酒荟萃。提起酒，让人想到“美酒佳肴”，是一种富庶美好的感觉。酒渗透于中华民族的文明史中，从文学艺术创作、文化娱乐到饮食烹饪、养生保健等各方面，在中国人生活中占有重要的位置。将美丽的茶树花与酒结合在一起，实属锦上添花。目前，国内已有多项关于茶树花酒的专利。

1. 发明名称：一种茶树花酒及其制备方法（专利权终止）

【申请号】200510042271.4

【申请日】2005 年 4 月 5 日

【申请人】福建农林大学

【发明人】邬龄盛、叶乃兴、杨江帆、王振康、杨广

【摘要】一种茶树花酒及其制备方法，采用液体发酵、催酿棒调香、速效陈酿等工艺，能有效地将茶树花营养成分与功能性成分转移到茶树花酒中，提高茶树花酒中风味物质含量；酿造的茶树花酒，外观澄清、透明、无沉淀物；色泽呈橙色，具有明显的茶香、醇香，以及清雅、谐调的酒香；酒体醇和协调，口感宜人。

2. 发明名称：茶树花黄酒的酿制方法（专利权终止）

【申请号】200710133798.7

【申请日】2007 年 9 月 30 日

【专利权人】扬州大学

【发明人】黄阿根、梁文娟、葛庆丰、宋赛帅

【摘要】茶树花黄酒的酿制方法。本发明涉及一种茶树花新型黄酒的酿制工艺。先搭酒窝，待窝中溢满糖液时，补加酒曲，3~5h 后，投入制备的茶树花浸提液，补水，补水量为米重的 1.0~2.0 倍，充分搅拌均匀，保温保湿；每隔 2~4h 搅拌一次，降低品温，使缸中品温上下一致；落缸 20~30 天后，主酵基本结束，灌坛进入后酵陈酿 60~90 天，得酒醅；压榨、澄清、煎酒、贮存，制得酒精度为 11°~15°的茶树花黄酒。本发明酿酒不加任何色素、香精等添加剂，而是通过添加茶树花发酵调配，使酒品具备色泽棕红亮丽、口感柔和、酒精度低、营养成分更丰富等特点。

3. 发明名称：一种茶树花酒的制备方法（授权）

【申请号】200910213765.2

【申请日】2009 年 12 月 11 日

【申请人】广东省农业科学院茶叶研究所

【发明人】庞式、苗爱清、赵超艺、李家贤、黄国滋、凌彩金、赖兆祥、孙世利

【摘要】本发明公开一种茶树花酒的制备方法，该方法包括茶树花干的制备、普洱茶培养基的制备、发酵、除锰和杀菌几个步骤。本发明将普洱茶加入培养基中，从而促进酵母细胞的迅速繁殖。本发明先制备普洱茶培养基，迅速繁殖

酵母细胞后，再加入茶树花，可有效避免茶树花中蜂蜜对酵母的抑制作用。本发明的茶树花酒采用液体直接发酵，无须蒸馏和勾兑白酒，酒精度达 12°~16°。本发明的茶树花酒制备方法中，普洱茶和茶树花都是在常温下浸提，因此茶树花酒在低温时不会出现冷后浑问题。本发明的茶树花酒经强酸性树脂处理后，锰含量达到合格标准。

4. 发明名称：一种茶树花酒的生产加工工艺（授权）

【申请号】201410192803. 1

【申请日】2014 年 5 月 9 日

【申请人】湄潭县京贵茶树花产业发展有限公司

【发明人】梁茂林、金大红、金大伦、阮成华、钱来兵

【摘要】本发明涉及一种茶树花酒的生产加工工艺，其具体步骤为：采摘茶树花—清洗茶树花—热风萎凋—高温蒸花—常温冷却—投放曲药—装坛密封—保温发酵—室温除酸。本发明是以茶树花为主要原料通过生物发酵技术酿制的一种茶树花酒，不仅酒香浓郁、醪液充沛、清澈透明，而且营养丰富，是一种难得的美酒；该酒同时也可以作为茶树花型保健酒的调味品。男女老少皆适宜长期饮用，能够增加机体营养和提高机体免疫力。因其抗氧化物异常丰富，具有奇特的保健功效。

5. 发明名称：一种含有茶树花提取物的啤酒及其酿制方法（授权）

【申请号】201510089811. 8

【申请日】2015 年 2 月 27 日

【申请人】浙江经贸职业技术学院

【发明人】张星海、许金伟、虞培力、周晓红

【摘要】本发明公开了一种含有茶树花的啤酒，其原料由以下质量百分比的组分组成：大麦麦芽 15%~20%，焦香麦芽 0. 2%~1%，茶树花汁 1%~4%，酒花添加量 0. 02%~0. 1%，活性干酵 0. 1%~0. 3%，余量为水。本发明利用茶树花提取物为辅料替代啤酒香型酒花，以大麦芽、焦香麦芽、水为主要原料，添加苦型啤酒花，通过酵母发酵酿制而成；本发明方法生产的茶树花啤酒花香味浓郁，口味纯正爽口，且富含多种对人体有益的功能性成分，具有降脂保健功能，其工艺流程见图 5-4。

6. 发明名称：一种茶树花保健酒及其制备方法（专利权终止）

【申请号】201510431413. X

【申请日】2015 年 7 月 22 日

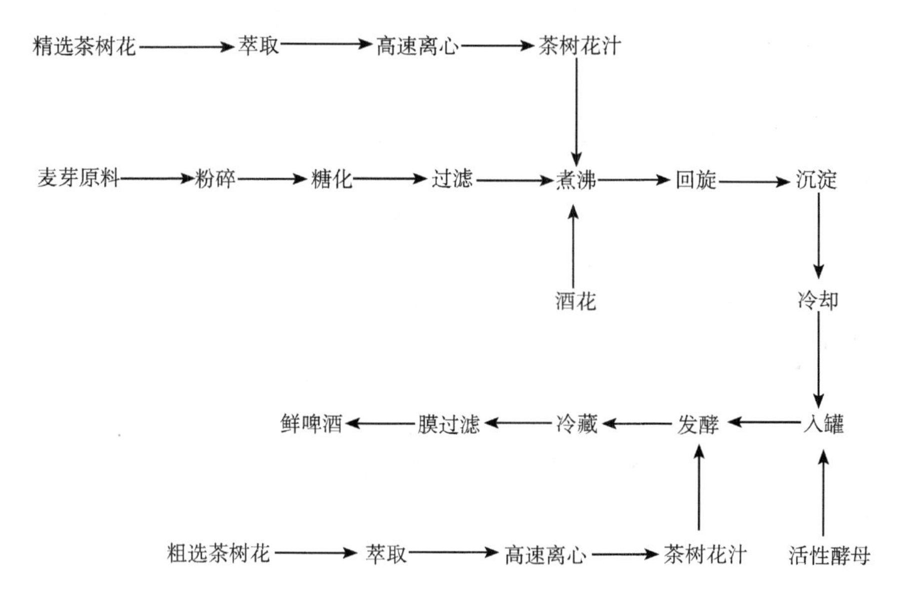

图 5-4　茶树花提取物啤酒酿造方法

【申请人】贵州省茶叶研究所

【发明人】喻云春、周玉锋

【摘要】本发明公开了一种茶树花保健酒，产品中各原料所占的质量份数为：茶树花 1~5 份、基酒 90~500 份，原料茶树花为加工过的茶树花半成品，基酒为 40°~60°的纯高粱酿制白酒处理制得。由于加入了枸杞、蜂蜜、白砂糖使其口感更佳，半成品茶树花的加入使得泡制时溶有茶多酚、茶多醣等物质，既有传统中草药保健酒的固有优势，还兼备茶叶药用保健的功能价值，长期适量饮用，有解毒、降脂、降糖、抗癌、滋补、养颜等功效，备受大家喜爱，市场前景好。茶树花保健酒的研发可为茶树鲜花、茶籽等茶资源开发利用提供一条好路子。

（三）茶树花饮料相关专利

饮料是指以水为基本原料，由不同的配方和制造工艺生产出来，可以直接饮用的液体食品。利用茶树花所含有的蛋白质、茶多糖、茶多酚、活性抗氧化物质等与其他食物组分配合，可以进一步发挥其解毒、抑菌、降糖、延缓衰老、防癌抗癌和增强免疫力等功效作用，生产多种功能饮料。

1. 发明名称：一种由茶树花和玛咖粉制备的女性保健饮料（授权）

【申请号】201410320855.2

【申请日】2014 年 7 月 4 日

【申请人】宁波市江东农茹生物科技有限公司

【发明人】孙瑞芝

【摘要】本发明涉及一种由茶树花和玛咖粉制备的女性保健饮料，由以下重量份的原料制成：鲜茶树花 45~50 份，玛咖粉 15~17 份，柠檬 3~5 份，生姜 2~4 份，脱脂奶粉 12~15 份，葡萄糖 20~25 份，白砂糖 10~15 份，水 250 份。其风味独特，营养成分丰富，适合女性饮用，具有极佳的解毒、延缓衰老、增强免疫力、调节人体激素分泌的作用，可缓解更年期综合征、改善亚健康状态、改善妇科炎症。

2. 发明名称：一种茶树花黄茶饮料及制备方法（实质审查的生效）

【申请号】201610791746.8

【申请日】2016 年 8 月 31 日

【申请人】肖文英

【发明人】肖文英

【摘要】本发明公开了一种茶树花黄茶饮料及制备方法，每 100 份饮料由以下重量份的原料组成：茶树花 2~4 份，黄茶 4~6 份，D-异抗血酸钠 0.015~0.03 份，碳酸氢钠 0.05~0.1 份，水余量。主要经过制作茶浓缩液、制作茶饮料两大步骤，采用合理的制备方法，保持茶的原味道。在茶饮料中引入茶树花，增加茶饮料的可溶性糖分，同时增加茶饮料的香味。

3. 发明名称：一种茶树花红茶饮料及制备方法（实质审查的生效）

【申请号】201610786619.9

【申请日】2016 年 8 月 31 日

【申请人】肖文英

【发明人】肖文英

【摘要】本发明公开了一种茶树花红茶饮料及制备方法，每 100 份饮料由以下重量份的原料组成：茶树花 2~4 份，红茶 4~6 份，D-异抗血酸钠 0.015~0.03 份，碳酸氢钠 0.05~0.1 份，水余量。主要经过制作茶浓缩液、制作茶饮料两大步骤，采用合理的制备方法，保持茶的原味道。在茶饮料中引入茶树花，增加茶饮料的可溶性糖分，同时增加茶饮料的香味。

4. 发明名称：一种茶树花饮料及制备方法（实质审查的生效）

【申请号】201610786615.0

【申请日】2016年8月31日

【申请人】肖文英

【发明人】肖文英

【摘要】本发明公开了一种茶树花饮料及制备方法，每100份饮料由以下重量份的原料组成：茶树花5～10份，D-异抗血酸钠0.015～0.03份，碳酸氢钠0.05～0.10份，水余量。主要经过制作茶浓缩液、制作茶饮料两大步骤，采用合理的制备方法，保持茶树花的原味道。

5. 发明名称：一种茶树花绿茶饮料及制备方法（实质审查的生效）

【申请号】201610789795.8

【申请日】2016年8月31日

【申请人】肖文英

【发明人】肖文英

【摘要】本发明公开了一种茶树花绿茶饮料及制备方法，每100份饮料由以下重量份的原料组成：茶树花2～4份，绿茶4～6份，D-异抗血酸钠0.015～0.03份，碳酸氢钠0.05～0.10份，水余量。主要经过制作茶浓缩液、制作茶饮料两大步骤，采用合理的制备方法，保持茶的原味道。在茶饮料中引入茶树花，增加茶饮料的可溶性糖分，同时增加茶饮料的香味。

（四）茶树花卷烟相关专利

随着烟草行业的技术进步和大力发展中式卷烟目标的提出，烟用香精香料技术作为烟草行业的重要核心技术，已成为形成中式卷烟品质特点、打造中式卷烟核心技术的关键之一。茶树花含丰富的香气物质和多种活性成分，尤其提取制得的香精，具有香气清新自然、蜜香馥郁等特点，有较高的应用价值。此外，茶树花中的其他有效成分地加入，不仅能够显著提高卷烟的吸食品质和感官舒适度，而且可以一定程度上降低卷烟烟气中的一些有害成分，提高卷烟的安全性。目前，已有多项专利致力于将茶树花中的有效提取物应用于卷烟中，具体如下。

1. 发明名称：具有辛香香韵的茶树花提取物组合物及其在卷烟中的应用（授权）

【申请号】201310446696.6

【申请日】2013年9月27日

【申请人】福建中烟工业有限责任公司、中国烟草总公司郑州烟草研究院

【发明人】陈群、李斌、洪祖灿、胡有持、刘珊、刘加增、沈翀、操晓亮、连芬燕、张峰

【摘要】一种具有辛香香韵的茶树花提取物组合物，以及该组合物作为卷烟添加剂在卷烟中的应用。所述的茶树花提取物组合物，由茶树花提取物与辛香香料配制而成。在卷烟中加入本发明提供的具有辛香香韵的茶树花提取物组合物后，使得卷烟香气谐调，提高烟叶特有的香气，增加辛香香韵，提升卷烟香气的丰富性，使烟香更为丰美自然，提高了卷烟香气的厚实感，增加卷烟香气的圆润性，带给卷烟抽吸者自然轻松的感受，杂气、刺激降低，整体吸食品质得到提高。

2. 发明名称：一种茶树花分段提取物、其制备方法及其在卷烟中的应用(授权)

【申请号】201310446839. 3

【申请日】2013 年 9 月 27 日

【申请人】福建中烟工业有限责任公司、中国烟草总公司郑州烟草研究院

【发明人】洪祖灿、霍现宽、操晓亮、范坚强、连芬燕、刘加增、陈群、蓝洪桥、谢金栋、沈翀

【摘要】本发明属于香料和烟草领域，涉及一种茶树花分段提取物、其制备方法及其在卷烟中的应用。具体地，本发明涉及一种茶树花分段提取物的制备方法，包括将茶树花提取物进行分子蒸馏的步骤。本发明还涉及由该制备方法制得的茶树花分段提取物。本发明的茶树花分段提取物能够显著提高卷烟的吸食品质和感官舒适度，并且能够分别改善卷烟香气特性、烟气特性和/或口感特性。

3. 发明名称：茶树花低聚糖或多糖、其制备方法及其在卷烟中的应用(授权)

【申请号】201310446757. 9

【申请日】2013 年 9 月 27 日

【申请人】福建中烟工业有限责任公司、中国烟草总公司郑州烟草研究院

【发明人】谢金栋、张峰、刘加增、屈展、何保江、洪祖灿、陈群、李斌、连芬燕、操晓亮

【摘要】本发明属于香料和烟草领域，涉及一种茶树花低聚糖或多糖、其制备方法及其在卷烟中的应用。本发明提取获得的茶树花低聚糖或多糖纯度高、提取率高，且操作简便、易行、高效，溶剂使用量少。茶树花低聚糖、多糖应用于

卷烟中不改变卷烟原有的加工工艺，且明显改善卷烟的吸食品质，提高了卷烟的感官舒适度，具有实际生产的意义和价值。茶树花低聚糖或多糖的制备工艺流程如图 5-5 所示。

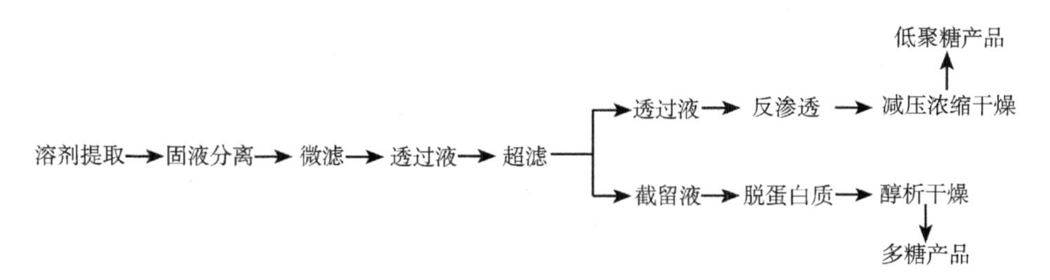

图 5-5 茶树花低聚糖或多糖的制备工艺流程

4. 发明名称：茶树花提取物组合物及其在卷烟中的应用（授权）

【申请号】201310446959. 3

【申请日】2013 年 9 月 27 日

【申请人】福建中烟工业有限责任公司、中国烟草总公司郑州烟草研究院

【发明人】蓝洪桥、陈群、谢金栋、洪祖灿、屈展、庄昊勇、张峰、李斌、沈翀、陈小明

【摘要】本发明涉及一种茶树花提取物组合物及其在卷烟中的应用。该茶树花提取物组合物由铁观音茶树花提取物、大红袍茶树花提取物、肉桂茶树花提取物和水仙茶树花提取物配制而成。将所述的茶树花提取物组合物加入卷烟中，卷烟香气协调，在不改变卷烟原有性能及原有的加工工艺的基础上，能够提升卷烟香气的丰满度，提高卷烟香气的透发性，带给卷烟抽吸者回甜生津的感受，杂气、刺激性得到改善，整体吸食品质得到提高。

5. 发明名称：茶树花香型的烟草辅料及烟草制品（授权）

【申请号】201310446797. 3

【申请日】2013 年 9 月 27 日

【申请人】福建中烟工业有限责任公司、中国烟草总公司郑州烟草研究院

【发明人】连芬燕、陈万年、范坚强、胡军、杨伟平、洪祖灿、张峰、蓝洪桥、刘加增、沈翀

【摘要】本发明属于香料和烟草领域，涉及一种茶树花香型的烟草辅料及烟草制品。具体地，本发明涉及一种烟草辅料，其含有茶树花提取物。本发明还涉及所述烟草辅料用于制备烟草制品（如卷烟）的用途、含有所述烟草辅料的烟

草制品（如卷烟）。本发明的卷烟具有茶树花特征香韵，与卷烟烟草本香谐调，卷烟的香吃味明显改善，余味舒适，烟气细腻、柔和，有效减少烟气的辛辣刺激及口腔干燥感。本烟用香精制备工艺简单，在烟草辅料中的添加工艺不改变卷烟原有的加工工艺和设备。

6. 发明名称：茶树花香型的烟丝及烟草制品（授权）

【申请号】201310446699. X

【申请日】2013 年 9 月 27 日

【申请人】福建中烟工业有限责任公司、中国烟草总公司郑州烟草研究院

【发明人】范坚强、连芬燕、谢金栋、胡有持、霍现宽、洪祖灿、陈小明、张峰、李斌、庄吴勇

【摘要】本发明属于香料和烟草领域，涉及一种茶树花香型的烟丝及烟草制品。具体地，本发明涉及一种烟丝，其含有茶树花提取物。本发明还涉及所述烟丝用于制备烟草制品（如卷烟）的用途、含有所述烟丝的烟草制品（如卷烟）。本发明的卷烟具有茶树花特征香韵，与卷烟烟草本香谐调，卷烟的香吃味明显改善，余味舒适，烟气细腻、柔和，有效减少烟气的辛辣刺激及口腔干燥感。本烟用香精制备工艺简单，在卷烟中的添加工艺不改变卷烟原有的加工工艺和设备。

7. 发明名称：一种茶树花多糖、其制备方法及其在卷烟中的应用（授权）

【申请号】201310446662. 7

【申请日】2013 年 9 月 27 日

【申请人】福建中烟工业有限责任公司、中国烟草总公司郑州烟草研究院

【发明人】张峰、范坚强、操晓亮、胡军、胡有持、沈翀、陈小明、连芬燕、李斌、谢金栋

【摘要】本发明属于香料和烟草领域，涉及一种茶树花多糖、其制备方法及其在卷烟中的应用。本发明的制备方法获得的茶树花提取率高，且操作简便易行、无污染，茶树花多糖应用于卷烟中不改变卷烟原有的加工工艺，且明显改善卷烟的吸食品质，提高了卷烟的感官舒适度，具有实际生产的意义和价值。茶树花低聚糖或多糖的制备工艺流程如图 5-6 所示。

装样 ⟶ 超临界CO_2脱脂 ⟶ 超临界CO_2提取 ⟶ 醇沉 ⟶ 干燥

图 5-6　茶树花低聚糖或多糖的制备工艺流程

8. 发明名称：一种茶树花香精、其制备方法及其在卷烟中的应用（授权）

【申请号】201310446881.5

【申请日】2013 年 9 月 27 日

【申请人】福建中烟工业有限责任公司、中国烟草总公司郑州烟草研究院

【发明人】操晓亮、范坚强、张峰、胡军、刘珊、庄吴勇、陈小明、连芬燕、陈群、蓝洪桥

【摘要】本发明属于香料和烟草领域，涉及一种茶树花香精、其制备方法及其在卷烟中的应用。具体地，本发明涉及一种茶树花香精的制备方法，包括对原料茶树花进行超高压提取的步骤。本发明的茶树花香精能够明显改善卷烟吸食品质，提高卷烟感官舒适度，赋予卷烟以特征嗅香和吸味。

9. 发明名称：一种茶树花精油、其制备方法及其在卷烟中的应用（授权）

【申请号】201310446910.8

【申请日】2013 年 9 月 27 日

【申请人】福建中烟工业有限责任公司、中国烟草总公司郑州烟草研究院

【发明人】范坚强、王道宽、洪祖灿、胡军、杨伟平、庄吴勇、刘加增、陈小明、张峰、操晓亮

【摘要】本发明属于香料和烟草领域，涉及一种茶树花精油、其制备方法及其在卷烟中的应用。具体地，本发明涉及一种茶树花精油的制备方法，其为减压水蒸气蒸馏法。本发明还涉及由本发明的制备方法制得的茶树花精油、含有茶树花精油的卷烟，以及茶树花精油在制备卷烟、食品、饮料、化妆品中的用途。将本发明的茶树花精油施加于卷烟中，能够显著提高卷烟的吸食品质和感官舒适度，并且赋予卷烟以特征嗅香和吸味。

10. 发明名称：一种茶树花香型组合物及涂有该组合物的内衬纸（授权）

【申请号】201310445798.6

【申请日】2013 年 9 月 27 日

【申请人】福建中烟工业有限责任公司、中国烟草总公司郑州烟草研究院

【发明人】沈翀、范坚强、陈小明、胡军、杨伟平、洪祖灿、谢金栋、蓝洪桥、李斌、操晓亮

【摘要】本发明涉及一种茶树花香型组合物及涂有该组合物的内衬纸。所述的组合物，其重量百分比组成为：茶树花提取物 5%~25%，乙醇 10%~25%，增稠剂 0.05%~2%，pH 值调节剂 0.01%~0.3%，抗氧化剂 0.01%~0.2%，余量为水。所述组合物可以涂敷在烟用包装纸上，喷涂该组合物的内衬纸，具有优雅的

茶树花香味，改变烟支的微观陈化环境，使烟盒内香气丰满，增加烟支嗅香，并提供给消费者优雅的烟包开包香气。

11. 发明名称：一种含有茶树花提取物的烟草薄片及其制备方法（授权）

【申请号】201310446630.7

【申请日】2013年9月27日

【申请人】福建中烟工业有限责任公司、中国烟草总公司郑州烟草研究院

【发明人】刘加增、杨伟平、沈翀、范坚强、胡军、陈小明、操晓亮、张峰、李斌、谢金栋

【摘要】本发明涉及一种含有茶树花提取物的烟草薄片及其制备方法。所述的烟草薄片由烟草原料通过造纸法制成，其特征在于，所述的烟草薄片在制备过程中添加了茶树花，所述的茶树花优选为茶树花干花、茶树花提取物或茶树花提取后的残渣，所述的烟草原料为烟末、烟叶碎片、烟梗、低次烟叶或其组合。本发明提供的烟草薄片具有茶树花香型，能有效达到茶树花香与烟香的协调，具有较好的吸食品质和感官舒适度，在抽吸时口腔有生津回甜感，并且原料来源于天然，添加工艺简单，不用改动现有工艺流程，无须添加辅助设备。

12. 发明名称：一种具有果香特征的茶树花香精及其在卷烟中的应用（授权）

【申请号】201310446865.6

【申请日】2013年9月27日

【申请人】福建中烟工业有限责任公司、中国烟草总公司郑州烟草研究院

【发明人】陈小明、陈群、连芬燕、刘珊、何保江、洪祖灿、沈翀、张峰、蓝洪桥、李斌

【摘要】本发明属于香精香料领域，具体涉及一种具有果香特征的茶树花香精及其在卷烟中的应用。所述的茶树花香精中包括体香1、底香、头香、体香2、定香剂和乙醇。本发明以天然的茶树花提取物为主调配成茶树花香精，其果香香韵更加突出，香气更加持久稳定。卷烟中加入本发明提供的茶树花香精后，卷烟香气中的果香香韵明显增加，卷烟的吸食品质、感官舒适度得到明显提高。

13. 发明名称：一种具有清甜香特征的茶树花香精及其在卷烟中的应用（授权）

【申请号】201310446938.1

【申请日】2013年9月27日

【申请人】福建中烟工业有限责任公司、中国烟草总公司郑州烟草研究院

【发明人】李斌、陈小明、操晓亮、胡军、胡有持、刘加增、连芬燕、陈

群、蓝洪桥、谢金栋

【摘要】本发明提供一种具有清甜香特征的茶树花香精及其在卷烟中的应用。所述的茶树花香精是以茶树花提取物为主香剂，辅以一定的协调剂、修饰剂、定香剂和稀释剂，通过配伍性研究，确定各组分的比例，从而调配出具有清甜香特征的茶树花香精，并将其施加在卷烟中。本发明提供的茶树花香精，其清甜香韵更加突出，香气更加持久稳定。卷烟中加入本发明所述的茶树花香精后，赋予卷烟清甜香香气特征，卷烟香气中的清甜香韵明显增加，卷烟的吸食品质、感官舒适度得到明显提高。

（五）其他食品相关专利

发明名称：一种由茶树花和玛咖粉制备的女性保健含片（授权）

【申请号】201410320233. X

【申请日】2014 年 7 月 4 日

【申请人】宁波市江东农茹生物科技有限公司

【发明人】孙瑞芝

【摘要】本发明涉及一种由茶树花和玛咖粉制备的女性保健含片，由以下重量份的原料制成：鲜茶树花 45~50 份，玛咖粉 15~17 份，柠檬 4~6 份，薄荷叶 8~10 份，脱脂奶粉 32~45 份，葡萄糖 20~25 份，羧甲基纤维素 10~15 份，水溶性淀粉 5~8 份，纯净水 8~12 份；本发明的保健含片不但风味独特，而且营养成分丰富，具有良好的保健功效，适合女性服用，其具有极佳的解毒、延缓衰老、增强免疫力、调节人体激素分泌的作用，有缓解更年期综合征、改善亚健康状态、改善妇科炎症的效果。

四、茶树花动物饲料相关专利

茶树花是一种优质蛋白质营养源，包含蛋白质、茶多糖、茶多酚、活性抗氧化物质，具有解毒、抑菌、降糖、延缓衰老、防癌抗癌和增强免疫力等功效。将茶树花加入动物饲料中，不仅可以有效补充动物生长所需的营养物质，提高动物抵抗力，减少药物的使用，同时可以除掉肉中的不良气味，改善肉质口感。此外，若将茶树花适当发酵，将其发酵物加入饲料中，其发酵物中含有的复合菌种能够改善肠道菌群，建立动物肠道内微生态平衡，提升饲料消化吸收利用率，降低饲料成本。

发明名称：一种茶树花火鸡饲料（实质审查的生效）

【申请号】201510479551.5

【申请日】2015年8月7日

【申请人】枞阳县胜峰养殖有限责任公司

【发明人】丁胜

【摘要】本发明公开了一种茶树花火鸡饲料，是由下述重量份的原料制得：玉米粉60份，米糠15份，茶树花5份，泡桐花3份，柚子花3份，山楂粉2份，白藜芦醇2份，猪血粉4份，杨树叶1份，骨粉2份，黄豆粉2份，辛粉1份。本发明相比现有技术具有以下优点：能够有效补充火鸡育成所需营养，并增加火鸡驱虫抗病的能力，提高饲料转化率，加快育肥速度，缩减育成周期，由于提高了机体的免疫力，减少了药物的使用，产出高蛋白质、低胆固醇、无药物污染、肉质鲜嫩的放心火鸡肉。

五、茶树花化妆品及洗护用品的相关专利

茶树花中含有多种活性成分。其中，茶多酚具有收敛性，能使蛋白质沉淀变性，对多种病原菌具有杀灭作用，同时具有很强的抗氧化性和生理活性；茶树花花蕊中含有丰富的黄酮类物质，且含量高于其他花蕊，具有抑菌、抗病毒、抗氧化、抗辐射等功效；茶皂素不仅是一种纯天然非离子型表面活性剂，而且具有抗菌、抗炎、抗氧化等功能；茶树花中含有过氧化物歧化酶，同样具有抗炎、防辐射、抗衰老、增强免疫力等保健功效。此外，茶树花具有挥发性芳香气味，蜜香馥郁。因此，茶树花作为一种天然植物成分，可广泛应用于化妆品及洗护用品中。

1. 发明名称：一种茶树花手工洁面皂及其制备方法（授权）

【申请号】201610393334.9

【申请日】2016年6月6日

【申请人】西南大学

【发明人】曾亮、罗理勇、黎盛、傅丽亚

【摘要】本发明涉及一种茶树花手工洁面皂及其制备方法，其手工洁面皂由油脂60~100份，茶树花酱5~15份，茶多酚0.5~1.5份，茶皂素1~2份，水10~15份和NaOH 5~7份为原料制成，油脂采用橄榄油、椰子油、茶籽油、大豆油、玉米油、菜籽油，同时配比茶树花、茶多酚、茶皂素等，原料均为可食材

料，产品安全性高，并且制得的手工洁面皂具有茶香和茶树花清香，还具有很好的抗菌、保湿、美白等效果，pH值中性，使用起来温和，不伤皮肤，可用于洁面。制备茶树花手工洁面皂的工艺简易，易于实现，生产效益高，便于推广，具有很好的市场前景。

2. 发明名称：一种茶树花竹酢抗菌增强洗衣液用微胶囊香精（实质审查的生效）

【申请号】201610626558. X

【申请日】2016年8月3日

【申请人】安徽省三环纸业集团香料科技发展有限公司

【发明人】华洪生

【摘要】本发明公开了一种茶树花竹酢抗菌增强洗衣液用微胶囊香精，由下列重量份的原料制成：茶树花干花50~55份、竹酢0. 1~0. 15份、茶树油2. 5~3份、藏茴香精油1~1. 5份、大茴香醛0. 5~0. 6份、龙涎酮3. 5~4份、石油醚500~550份、无水乙醇8~10份、阿拉伯胶0. 3~0. 4份、去离子水适量、二甲基丙烯酸乙二醇酯2. 5~3份、过硫酸铵0. 1~0. 11份、焦亚硫酸钠0. 13~0. 14份、羧甲基纤维素钠1~1. 2份。本发明产品为微胶囊香精，香气缓慢释放，耐热性好，抗氧化强，用在洗衣液中不仅能够维持洗衣液长久的香味，而且具有一定的杀菌效果。

3. 发明名称：一种含茶树花花蕊的全天然爽身粉（实质审查的生效）

【申请号】201610826038. 3

【申请日】2016年9月18日

【申请人】中华全国供销合作总社、南京野生植物综合利用研究所

【发明人】朱昌玲、孙达锋

【摘要】本发明提供了一种含茶树花花蕊的全天然爽身粉及其制备方法。该爽身粉采用茶树花花蕊、高直链淀粉、植物油、天然植物精油等为原料，不含任何化学物质，消除了传统的滑石粉爽身粉中矿物质及化学成分对人体的刺激和伤害，解决了现有技术中的问题和不足。该爽身粉安全无害、温和舒适，并且茶树花本身具有香气持久、止痒、消炎、防辐射、抗过敏等特点与功能，该产品还具有吸湿性良好、原料易得、价格实惠等优点。另外，中草药及其提取物的加入，可以满足各类人群的不同需求，开发出对皮肤病有预防和辅助治疗作用的功能性爽身粉产品。

4. 发明名称：一种含茶树花提取液的祛痘液（实质审查的生效）

【申请号】201611246506. 6

【申请日】2016 年 12 月 29 日

【申请人】中华全国供销合作总社、南京野生植物综合利用研究所

【发明人】朱昌玲、孙达锋、张卫明、吴生高、张锋伦、陈蕾

【摘要】本发明公开了一种含茶树花提取液的祛痘液，按重量百分比包括以下组分：茶树花提取液 20.0%~50.0%、植物精油 0.2%~5.0%、天然植物源抗菌剂 0.5%~5.0%、水杨酸 0.2%~2.0%、维生素 E 0.2%~2.0%，余量为水。发明在最大限度地以无毒副作用的天然植物成分为原料的前提下，实现高效、多效治疗痤疮的目的：一是抑制皮脂的过多分泌，调节皮肤的油脂平衡，收敛油性及暗疮皮肤，提升肌肤免疫能力；二是抑制痤疮丙酸杆菌的繁殖，控制病原体；三是控制炎症，防止毛囊皮脂腺结构的破坏，减轻痘印；四是淡化、祛除痘印，并提高皮肤的保湿效果；五是采用天然植物抗生素、防腐剂，减少肌肤过敏症状。

六、其他相关专利

1. 发明名称：一种茶树花中多糖含量的检测方法（授权）

【申请号】201510089589.1

【申请日】2015 年 2 月 27 日

【申请人】浙江经贸职业技术学院

【发明人】张星海、许金伟、虞培力、周晓红

【摘要】本发明公开了一种茶树花中多糖含量的检测方法，具体为：茶树花样品的预处理；茶树花中多糖提取与精制，得到精制的茶树花多糖制品；采用分光光度法测定精制的茶树花糖制品中多糖含量，得到茶树花样品中多糖检测浓度和多糖含量；采用离子色谱法检测茶树花粗多糖水解液中茶树花粗多糖中多糖含量；根据利用分光光度法得到的茶树花粗多糖中多糖含量，以及利用离子色谱法测出的单糖组分含量，确定两者的换算因子；分光光度法所测的多糖检测浓度乘以换算因子得到最终茶树花多糖含量。本发明的方法可以准确测定茶树花中的多糖含量，准确性与色谱法测定无显著差异，同时，本发明的方法简单，成本低，而且容易推广。

2. 发明名称：一种茶树花粉的采集贮藏方法（实质审查的生效）

【申请号】201610872261.1

【申请日】2016 年 9 月 30 日

【申请人】湖南省茶叶研究所（湖南省茶叶检测中心）

【发明人】雷雨、黄飞毅、段继华、李赛君、罗意、康彦凯、涂洪强、董丽娟

【摘要】本发明涉及茶树花粉的采集贮藏，具体说是一种茶树花粉的采集贮藏方法，其包括：采集茶树上的花蕾，将其存放在干燥器内干燥；然后取出花蕾，敲取花粉；再将花粉放入密闭容器内密封；最后贮藏密封好的花粉。本发明可在父本花期早于母本以及从外地引进优异资源花粉时，对采集的新鲜花粉进行贮藏和保存。该方法简便有效，能延长花粉寿命，保持花粉生活力。

3. 发明名称：一种茶树花粉采集器（专利权终止）

【申请号】201720166692. 6

【申请日】2017 年 2 月 23 日

【申请人】四川农业大学

【发明人】刘冠群、唐茜、胡灿、边学洪、张文龙、李晓松、胡尧、杨纯婧、刘双红、杨红旭

【摘要】公开了一种茶树花粉采集器，包括：水平设置的平衡架、与平衡架转动连接的音叉、与平衡架上表面固定连接的锤头、与平衡架下表面固定连接的手柄和收集桶；平衡架包括平行设置的横杆、连接在横杆之间的第一连接杆和第二连接杆，第一连接杆、第二连接杆均与横杆垂直；锤头固定在第二连接杆的上表面；音叉包括叉柄和固定在叉柄顶端的叉股；以第一连接杆为旋转中心，锤头位于叉股的旋转路径上；收集桶位于锤头下方。本实用新型的有益效果是：减轻了操作者的劳动强度，保证了茶树花枝的完整性，花粉采集量大、采收率高、不易散落、杂质少、纯度高，采收耗时短、效率高，结构简单，质量轻巧，携带方便。茶树花粉采集器结构如图 5-7 所示。

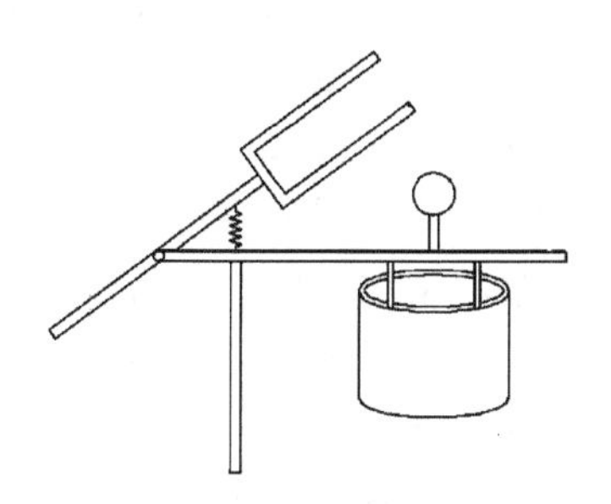

图 5-7　茶树花粉采集器示意

第六章　茶树花的分子生物学研究

茶树是世界上重要的经济作物，人们为了品尝到数量更多、品质更好的茶叶，从未间断过对茶树生物特性改造的研究。从20世纪末期以来，生物技术的发展也带动了茶树的改造进程，人们期待利用新技术实现更美好的愿望。

茶树花的分子生物学研究，基于生物技术在茶树上的应用。在过去的一个多世纪中，人们重视茶叶的分子生物学研究进展，克隆了多个与茶叶、茶树花生长发育、品质形成等相关的基因，获得了一系列可喜的成果，为今后合理地利用生物技术手段改造茶树、生产高品质的产品，奠定了良好的基础。茶树花在受到重视后，其分子生物学的研究也有了长足的进步，与茶树花品质相关的花色、花香、抗逆相关的基因也得到了克隆和功能方面的研究。本章重点介绍分子生物技术在茶树和茶树花上的应用。

一、传统的茶树单倍体育种研究

（一）单倍体育种的意义

茶树是多年生异花授粉植物，在遗传上是高度杂合的，通过自交手段很难获得纯系。如果通过花药培养育成单倍体植株后，经过染色体加倍，就可在较短时间内获得纯系，具有以下的理论和实践意义。

一是有利于茶树遗传理论的研究。因为茶树的基因型是高度杂合的，用它们研究遗传规律有很大困难。如果能利用茶树纯系为研究材料，必将为茶树的遗传研究提供有利条件，从而推动茶树遗传理论的发展。

二是增加选配杂交亲本的预见性。

三是有利于培育后代性状一致的有性系茶树品种。

四是有利于研究茶树杂种优势的利用。由于茶树遗传组成上的复杂性，目前茶树杂种优势的利用还存在一些问题，如杂交亲本的选配、杂种优势的强度以及

杂种 F_1 的性状分离等。如果有了纯系，这些问题将可迎刃而解，为茶树杂种优势利用开辟新途径。

五是克服远缘杂种的不育性。远缘杂种一般可育性很差，甚至高度不育，但仍能产生少数具有生活力的花粉，通过花粉培养，可望得到双单倍体植株，染色体加倍后即可形成双二倍体植株的新种，同时可育性也能大大提高。

六是提高诱变育种的效果。因为单倍体植株只有相对基因中的单基因，在诱变育种中若有变异，在当代就可容易地发现，因而可提高诱变育种的效果。

（二）茶树单倍体育种的历史与成果

对于茶树单倍体育种研究，在 20 世纪获得了系列成果。

津志田藤二郎等探明了花药愈伤组织脱分化中部分化学成分的变化。他们用 MS 诱导茶树花药愈伤组织，并用高压液相色谱法分析了其咖啡因、儿茶素和茶氨酸含量。结果表明，茶树花药愈伤组织进行脱分化时，几乎不含儿茶素，咖啡因含量很低，而茶氨酸含量却达到花药原有含量的 11.98%。

1984 年中村顺行等却认为，茶的愈伤组织中是否存在茶氨酸还需详细研究。但他证实茶树花药愈伤组织中富含天冬氨酰胺、谷氨酰胺、天冬氨酸、谷氨酸，并有丝氨酸、甘氨酸、苏氨酸、丙氨酸、亮氨酸、精氨酸和缬氨酸等；柠檬酸、苹果酸和琥珀酸含量分别为 37.9mg/g、80.0mg/g、3.2mg/g，高于叶片中的含量。

1983 年 Zagoskina 等报道了在含 2×10^{-5}mol/L 2,4-D 的培养基中加入（0.2~4）$\times10^{-6}$mol/L 动力精，可促进酚类化合物的合成，抑制愈伤组织的生长，但对儿茶素和花色素则无影响。

日本学者的茶树花药培养以 MS 基本培养基应用较多，也有用 Miller、Linsmaier K Skoog. White 等基本培养基的。

陈振光等（1980）指出，在 S1-1、H、NH 等基本培养基上添加适当的附加成分，均能诱导出愈伤组织、分化出根或绿色芽状体，又以 S1-1 基本培养基愈伤组织诱导率最高，并可获得根、茎、叶完整的植株。

林知兴等（1985）用 26 种诱导培养基和 15 种分化培养基比较，认为以改良的 Blades 基本培养基附加 2mg/L 动力精、2mg/L IAA 的分化效果较好。根据已有的研究结果看，茶树花药培养对基本培养基的适应范围较广，重要的是在不同的培养阶段，选用适宜的附加成分用量及其比例。

中国农业科学院茶业研究所用福鼎大白茶、龙井 43、紫阳种、格鲁吉亚 1

号、平云等品种的花药培养，均能产生愈伤组织。其中，以云南大叶种的天然杂交后代平云的诱导率最高，其次为紫阳种，最低是格鲁吉亚 1 号。龙井 43 的愈伤组织诱导率虽较高，但其生长一直处于僵化状态。茶树花药愈伤组织研究虽已成功获得单倍体植株，但试验成功的茶树品种很少，现今只有福云七号获成功。

品种基因差异性可能影响研究结果的普及性，运用此途径获得品种单倍体植株将对茶树育种产生重要的意义。因此，不同品种茶树花药愈伤诱导分化研究是今后研究的重点。此外，茶树花药愈伤组织分化形成具有根、茎和叶的小植株有单倍体及混倍体，可能是采用花药器官整体诱导时，产生的愈伤组织来源于花药或来源于花粉或两者都有。

关于茶树花药培养的植株染色体倍性变化问题，需要进一步研究茶树花药愈伤。虽是生殖细胞的增殖，伴随其组织生长所内含的次生代谢物生成，已有相关研究，但次生代谢物生成种类及生成条件如何，还尚未了解清楚。而茶树体细胞愈伤组织中次生代谢物研究较多，因此，茶树花药愈伤次生代谢物生成研究也是今后研究的方向。

总之，我国茶树单倍体培育虽有成功之例，在国际上仍处于领先地位，但目前成功的概率还很低。在如何提高愈伤组织诱导率和器官分化率，以及提高试管苗移栽成活率方面，还需进一步深入研究。同时，单倍体植株矮小、生长势弱，这对茶树来说不是一个优良性状，它只有经过染色体加倍成为二倍体或多倍体以后，才能成为可用于生产的新品种品系，单倍体的育成只是育种过程中的一个环节，它还必须与常规育种结合起来，才能显示其特殊作用。单倍体植株的染色体加倍以及纯合二倍体茶树的开发利用等问题，仍是今后茶树单倍体育种的研究方向。

二、生物技术在茶树上的应用

生物技术是新近发展起来的生命科学，也是当今世界各国普遍关注的尖端科技领域。生物技术以生命科学为基础，利用生物体系结合先进的工程技术手段和其他基础学科的理论，根据人们的需要改造生物体或加工生物原料，从而满足人们的需求。

生物技术包括许多分支。从广义上讲，包括基因工程、细胞工程、酶工程和蛋白质工程等分支学科。而植物生物技术，可从其研究对象上分为 3 个层次，即器官水平上的植物组织培养技术、细胞及亚细胞水平上的植物细胞工程技术，以及分子水平上的植物基因工程技术。

传统的茶叶育种及繁殖技术为产量的提高和品质的改善做出了较大贡献，然而由于传统技术自身的局限及对产品更高的需求，许多问题用传统的茶叶技术已无法解决。现代生物技术的应用可有望解决传统茶业面临的许多难题，给茶学发展注入新的活力。虽然生物技术在茶树上开发研究比其他农作物起步虽然较晚，但在开发研究上已迈出了可喜的一步。

（一）基因工程在茶学上的应用

基因工程在茶学研究上的应用主要包括 DNA 分子标记技术、茶树基因的分离和克隆、基因的功能研究，以及茶树遗传转化系统等。

DNA 分子标记技术能直接反映出茶品种基因组 DNA 间的差异。目前在茶研究中应用比较多的是 RAPD、AFLP。1998 年陈亮等对我国 15 个茶树品种遗传多样性进行 RAPD 分析，表明中国的茶树品种资源在 DNA 分子水平上具有很高的遗传多样性。Balasaravanan 等 2003 年运用 AFLP 标记技术对南印度普遍种植的 49 个栽培品种（中国型、阿萨姆型和禅叶型 3 个类群）的遗传距离进行分析。黄建安、李家贤等（2005）利用祁门 4 号与潮安大乌叶杂交所获得的 F_1 代群体，采用 AFLP 标记绘制了我国第一张茶树分子标记遗传图谱。

目前，一些与茶叶品质密切相关的基因已被克隆。赵东等（2001）克隆了决定红茶品质的多酚氧化酶基因。冯艳飞等（2001）获得了茶树 SAM 合成酶基因的全序列。陈亮等（2004）构建了国内第一个茶树新梢 cDNA 文库，并对 EST 测序成功率进行了分析。转基因技术在茶研究中起步较晚。骆颖颖等（2000）用农杆菌介导法将 Bt 基因、Intron GUS 基因和 NPT1 基因转入茶树中，获得了 GUS 瞬间表达。赵东等（2001）通过对根癌农杆菌介导茶树转化研究，报道了茶树较为适宜的农杆菌转化系统。吴姗等（2003）对茶树农杆菌转化系统和基因枪转化系统的优化进行了研究。然而由于茶树原生质体培养尚处在研究阶段，农杆菌介导法等转基因技术目前应用难度较大，鲜见显著的成果。

（二）细胞工程在茶学上的应用

植物细胞工程是以细胞的全能性和体细胞分裂的均等性作为理论基础，在细胞水平上对植物进行育种的新技术。植物细胞工程在茶学上的应用，主要目的是对茶树离体培养和利用组织培养技术生产茶叶内一些重要的次生代谢物质。

茶树的离体培养开始于 20 世纪 80 年代。Sarathandra 和 Arulpragasam（1990）用来自田间植株的茎节作为外植体，建立了实用的茶树体外繁殖方法。

刘德华（1991）、张建华等（2003）等通过不定芽或不定胚以及营养器官的途径对茶树离体培养获得成功。茶树离体培养快速繁殖技术虽然已经成为可能，但是由于其成本太高，目前还没有成为茶树繁殖的主要方法。茶叶内富含的次生代谢物质具有很高的营养保健功效，传统方法获得次生代谢物质是利用成茶提取工艺，工艺复杂且成本高，难以获得满意的效果，可以通过细胞工程技术，利用离体培养诱导愈伤组织的同时产生大量的次生代谢物质。

成浩等（1995）开展了对不同培养条件下，培养基各个组分对愈伤组织生长和儿茶素的累积情况的研究。袁弟顺等（2004）通过不同茶树品种诱导愈伤组织研究茶氨酸积累。但是，利用细胞组织培养生产次生代谢物质，目前仅限于实验室研究阶段，还不具备工业化生产的条件。

（三）酶工程在茶学上的应用

利用酶的高效生物催化功能，促使茶叶内不利成分及无效成分的有益转化，改善茶叶综合品质，是酶工程在茶学领域研究中的重要内容。

谭振初等（1990）利用茶幼果作为多酚氧化酶的载体，应用于红碎茶的加工中，取得了良好的效果。毛清黎（1991）在红碎茶的初制中加入果胶酶、纤维素酶有利于红碎茶品质的提高。游小清等（1994）用人工合成β-葡萄糖苷酶粗品进行夏茶香气改善试验，结果使得烘青绿茶芳樟醇及香叶醇含量明显提高。固定化酶技术在茶叶上的研究最初是用在解决红茶的“冷后浑”问题上，现今得到了很大的发展。丁兆堂等（2005）用 $CaCO_3$ 作为固定化材料，对茶多酚进行体外酶性氧化，成功地制备了高纯度的茶黄素。

（四）发酵工程在茶学上的应用

发酵工程是最先用在茶学上的生物技术。我国传统黑茶加工中，渥堆过程就利用了微生物分泌胞外酶及释放的生物热，促使茶叶中的内含物质发生复杂的变化，从而形成黑茶特有的品质风味。

近年来茶叶深加工急剧升温，利用食用菌及有益微生物发酵开发具有特殊风味及营养保健功效的新型茶叶制品受到人们的重视。邬龄盛等 2001 年报道了玉灵菌茶的研究，另外，还有灵芝菌茶、川杰菌茶、阿波番茶、红茶菌、茶酒等。夏涛等 2000 年利用发酵工程的原理，建立了茶鲜叶匀浆悬浮发酵体系，为生产悬浮发酵生产红茶饮料并实现品质在线控制奠定了工艺基础。2016 年四川雅安全义茶树花科技有限公司成功地研制出发酵茶树花茶，充分利用了微生物发酵技术，通过温度与湿度的条件控制天然微生物群落的消长，制作出业内认可的优质茶叶。

在茶叶的综合利用方面，有报道称低档茶叶及茶渣可以通过发酵直接制取动物饲料。林心炯曾报道利用茶废弃物栽培毛木耳、黑木耳及香菇。

总之，生物技术在茶学上具有巨大的应用前景。虽然生物技术在茶学中的应用起步较晚，但也大大推动了茶学领域的研究。未来还有许多工作需要亟待开展，主要有如下几方面。

一是在酶工程方面，应加快适于茶叶加工应用的酶原微生物的筛选，提高茶叶品质。

二是在组织培养方面，应针对不同的品种和外植体来源，建立简便有效的高频植株再生体系。在组织培养过程中要累积大量的次生代谢物质，今后还应对该过程中次生代谢物质形成机制进行研究，并解决目标产物的提纯问题。

三是在基因工程方面，利用基因工程可以缩短育种时间，提高茶树育种效率，克服茶树是多年生作物、传统育种周期长的缺点。同时，开展茶树的高效遗传转化及重要性状的基因定位与克隆研究工作。

四是在发酵工程方面，利用微生物的转化和分解能力，发酵获得优质安全的茶叶产品。

三、基因分离技术及其在茶学研究中的应用

正因为茶叶在世界范围内具有巨大的经济和文化价值，茶树关键基因的研究具有重要的实践价值。

基因组是生物体遗传信息的携带者和传递者，其中基因是基因组中编码蛋白质的序列，基因的选择性表达对应着生物体生长和发育的不同阶段，揭示了生命活动的内在规律。茶树是小作物，而且有自交不亲和、生长周期长等特点，茶树基因组目前的研究基础还比较薄弱。

自 1994 年 Takeuchi 等报道了第一条茶树基因 CHS（查尔酮合成酶）序列以来，茶树基因组研究取得了一定的发展。截至 2018 年 10 月，NCBI GenBank 数据库中已提交的茶树核酸序列达到 348655 条，其中 mRNA 序列 155258 条，提交的蛋白质序列达到 2823 条。但是，到目前为止已提交的基因编码序列中有大量的基因功能未知，重要功能基因仅停留在分离和克隆阶段，很多生物活性物质如儿茶素、茶氨酸的代谢途径尚不够清楚，有待于深入研究。因此，对茶树功能基因的克隆与功能研究，已成为茶树分子生物学研究的主流。

目前常用的基因克隆方法大致可以分为序列克隆、功能克隆、定位克隆、表型差异克隆和测序克隆5种。

(一) 序列克隆

序列克隆是根据已知基因部分或全长DNA或RNA序列获得基因的方法。

1. PCR扩增结合RACE技术进行茶树关键代谢基因克隆

当我们通过NCBI网站或者他人的文章，得知目的基因的序列时，通常采用PCR的方法来克隆基因。这种方法大概原理和方法是：第一，根据已知的全长序列，对照该序列的碱基组成，设计并合成一段寡核苷酸作引物，提取所要从中分离基因的茶树染色体DNA（如果提取的是RNA，则首先需要在逆转录酶的作用下合成cDNA的第一条链）作为模板，然后通过PCR反应得到目的片段，测序后与已知序列进行比对。在实际操作中，往往因为同一条基因在物种内和物种间均存在多态性，所得到的序列与已知序列不一定完全相同。第二，如果只知道需要克隆基因的序列片段，可以用上述方法先通过PCR技术得到基因片段，然后结合RACE（Rapid-amplification of cDNA Ends，RACE）技术得到全长序列。这种方法简便、快速，尤其适于经费不足且不完全知道某些重要基因全部信息的情况。

以β-葡萄糖苷酶为例介绍该类方法的应用。β-葡萄糖苷酶与茶叶香气物质的形成有关，王让剑等（2007）根据GenBank登录的β-葡萄糖苷酶蛋白的氨基酸序列，设计引物，从龙井43中克隆得到GlU Ⅰ（β-葡萄糖苷酶Ⅰ）和GlU Ⅱ（β-葡萄糖苷酶Ⅱ）基因，转化到大肠杆菌中，成功表达并纯化出了有活性的蛋白质，为β-葡萄糖苷酶在茶叶加工研究以及在其他食品中的应用奠定了基础。

在其他重要基因上也进行了深入的探索。类黄酮化合物是具有抗菌、抗氧化等生物活性的一类次级代谢产物。Lin等（2007）根据已知的EST序列片段，从茶树中克隆得到全长FLS基因，并用原核表达系统获得了有活性的蛋白质。

α-tubulin（α-微管蛋白）是茶树的看家基因，表达量比较稳定，因此可以作为比较基因和蛋白质表达水平时的内参。谭振等（2009）根据GenBank登录的α-tubulin mRNA全长序列设计了引物，以RT-PCR方法扩增得到茶树α-tubulin基因全长，将扩增产物用原核表达系统表达了重组蛋白质，并制备相应的抗体。

陈聪等（2009）利用GenBank公布的茶树PCP（花粉壁蛋白基因）序列，设计引物，以龙井43为材料，采用PCR法扩增并测定了茶树花粉壁蛋白基因内含子序列，并通过序列分析，推测该内含子序列可能对 PCP 基因的表达起到调控作用。

PPO（多酚氧化酶）基因对茶叶的品质有重要影响，Liu 等（2010）根据已知序列，从宜红早茶树中克隆得到 PPO 基因，首次用原核系统表达出了有活性的 PPO 蛋白。Wu 等（2010）从 5 个不同的茶树栽培种中克隆出了 PPO 基因，用原核系统表达获得了活性蛋白，并用特殊的载体使其结构发生变化，分析了这种变化对酶活性的影响。

2. 根据跨种序列同源性进行茶树关键代谢基因克隆

利用生物的种、属之间基因编码序列的同源性大大高于非编码区的序列的特点，在植物或微生物中的同源基因已被克隆的前提下，可先构建目的物种的 cD-NA 文库或基因文库，然后以已知的同源基因（或者部分序列）为探针，筛选目的文库，获得目的基因。茶树关键代谢基因也可以通过这个方法得到克隆。

Takeuchi 等（1994）用此方法克隆得到了 3 个查耳酮合成酶的基因序列 CHS1、CHS2 和 CHS3，这是茶树种最早克隆得到的基因。

Matsumoto 等（1994）用以水稻 PAL（苯基丙氨酸解氨酶）的 cDNA 为探针，从茶树中克隆得到了 PAL 基因。同年，研究者用同样的方法还克隆得到了茶树的 β-tubuline 基因。

ANR（花色素还原酶）是茶树中具有抗氧化作用的活性物质 EGCG 合成途径中的一个关键酶。郑华坤等（2008）根据 GenBank 已报道的不同植物 ANR 基因的保守区域，设计了 1 对特异引物，得到茶树 ANR 基因片段，进而结合 RACE 技术，从高 EGCG 茶树品种中克隆得到 ANR 基因全长序列，并通过原核表达系统，得到了预期大小的蛋白质。

类黄酮化合物是具有抗氧化功能的一类次级代谢产物，茶树 FS（黄酮合成酶）基因是类黄酮合成途径的关键酶。乔小燕等（2009）根据其他物种保守序列设计兼并引物，利用 RT-PCR 和 RACE 技术，克隆得到了 FS Ⅱ 基因，并分析了其在不同部位的表达水平。这些研究为从分子水平认识、调控茶树类黄酮化合物的生物合成，对茶树进行进一步遗传改良具有重要的意义。

（二）功能克隆

功能克隆是指根据基因表达产物蛋白质克隆基因的方法。

对于未知基因序列，如果对其蛋白质的生理生化及代谢途径了解比较清楚，通常采用功能克隆的方法获得基因。具体方法是：首先分离和纯化目的蛋白质或者多肽，并对它们进行氨基酸序列分析，之后根据氨基酸序列反推出 DNA 编码序列，设计特异性引物，最后采取 PCR 方法克隆出该基因。

将此方法应用到茶树基因克隆上，也得到了一系列的成果。Kato 等（1999）纯化到了 TCS（咖啡因合成酶）的蛋白质，分析了酶动力学。2000 年对该蛋白质进行了测序，利用 RACE 技术克隆得到了 TCS1 基因的全长和 UTR 序列，并转化到大肠杆菌中表达，得到了有活性的蛋白质。因为茶树中很多重要的酶，如茶氨酸合成酶蛋白质非常不稳定，难以得到纯的蛋白质，所以很难用这种方法得到编码基因序列。但是随着蛋白质纯化技术的进步，相信功能克隆技术将在茶树分子生物学特异性功能基因的克隆中，发挥重要的作用。

（三）定位克隆

定位克隆是根据连锁图谱和标签来定位和克隆基因的方法。

定位克隆的前提，是构建遗传连锁图谱或者有标签的突变体库。遗传图谱（Genetic Map）是指同一条染色体上不同基因或专一多态性标记之间的排列顺序及其相对距离的线形图。遗传图谱的构建具有重要的意义。一是作为基础理论研究的内容，可以作为研究工具，进行数量性状位点（Quantitative Trait Loci，QTLs）定位；二是获得与目的性状连锁的基因组片段，开展基因的图位克隆（Positional Cloning）；三是为分子标记辅助选择（Marker Assisted Selection，MAS）育种奠定良好的基础；四是通过图谱比较，还可以提供基因组进化信息，进而探索物种的遗传演化进程。因此，利用 DNA 分子标记构建一张高密度的茶树遗传图谱，对育种和遗传理论研究都具有重要意义。

通常构建遗传连锁图谱的方法为：先利用 SSR 等分子标记技术进行基因定位，再以紧密连锁的分子标记为起点，筛选 DNA YAC 文库，构建目的基因区域的物理图谱，然后通过染色体步移逐步向目标基因靠近，最终克隆到目的基因并通过遗传转化和功能互补试验证实基因功能。

操作前提是具有一个根据目的基因的“有”和“无”而建立起来的遗传分离群体；构建精细的遗传连锁图谱，能够将目的基因定位到染色体的特定位置；还需要构建含有大插入片段的基因组文库，用以筛选与目标基因连锁的分子标记。

这种方法已经在水稻、玉米、小麦、甘蓝等的一些农作物的基因克隆中得到广泛应用，不仅得到了许多与质量性状相关的基因（如抗病基因），而且得到了与数量性状（如产量等）相关的基因。

茶树世代周期长，自交不亲和，遗传组成高度异质杂合，利用常规育种方法培育新品种费时耗力。高质量的茶树遗传图谱，可以用于茶树基因组结构及遗传演化分析、数量性状位点定位、基因克隆，为分子标记辅助育种奠定良好的基础，对于加快茶树育种进程具有重要意义。

目前茶树的经典遗传图谱研究处于空白状态，但随着DNA分子标记技术的发展和“双假测交”理论的提出，茶树分子遗传图谱的研究得以开展。田中淳一（1996）采用“双假测交”策略，以RAPD标记对薮北×静—印杂131的F_1分离群体作图，构建了包含6个连锁群的部分遗传图谱，并根据该图谱进行了QTL分析，将与茶氨酸含量相关的基因定位在薮北种的连锁群Ⅰ上，同时，找到了与萌芽早晚、炭疽病抗性、抗冻能力以及多酚类含量相连锁的RAPD标记。但是，由于该图谱连锁群数与茶树染色体数相差很大，且标记数量有限，其QTLs定位及连锁分析的精确度十分有限。

Hackett等（2000）以SFS150为母本的半同胞F_1群体，采用RAPD和AFLP标记构建了一张包含15个连锁群、126个标记、平均图距为11.7cM的茶树遗传图谱。

黄建安等（2005）构建了国内首张茶树遗传图谱，其中母本图谱的208个AFLP标记分布于17个连锁群上，总图距为2457.7cM，标记间最大距离为42.3cM，最小距离为1.2cM，平均间距为11.9cM，17个连锁群中，最大的连锁群分布有43个标记，图距达514.2cM，标记间最大距离为27.5cM，最小距离为1.9cM，平均间距为12.2cM。

Taniguchi等（2007）采用SSR、RAPD、CAPS标记，构建了基因组覆盖最全面、标记密度较大的茶树遗传图谱。

遗传图谱的构建给茶树育种提供了新的方法，但是目前已构建的茶树遗传图谱多为框架图，基因组的覆盖度和图距有限，离实际应用还有较大距离，还有待于深入研究。

（四）表型差异克隆

表型差异克隆是根据表型差异或组织器官特异表达差异克隆基因的方法。

表型差异克隆技术在当前茶树分子生物学的研究中应用最为广泛，包括差示筛选DS（Differential Screening）、扣除杂交SH（Subtractive Hybridization）、mRNA差异显示技术DDRT-PCR（mRNA Differential Display Reverse Transcription）、cDNA扩增片段长度多态性cDNA-AFLP（cDNA Amplified Fragment Length Polymorphism）、代表性差异分析 RDA（Representative Differential Analysis）、抑制差减杂交技术 SSH（Suppression Subtractive Hybridization）等，其中又以 cDNA-AFLP 在茶树研究中应用最多。下面重点介绍在茶学研究中应用较多的技术。

1. DDRT-PCR

DDRT-PCR 技术适用于多个样品间的比较，且操作简便、灵敏度高、应用较为广泛。该技术在茶树中应用，得到了系列成果。

Sharma 等（2005）以干旱处理、ABA 处理和对照 3 个茶树 mRNA 文库为材料，用 DDRT-PCR 技术首次得到了茶树的 3 个干旱相关 EST 序列，分析了其对干旱和 ABA 的应答。

韦朝领等（2007）利用 DDRT-PCR 技术初步研究了茶树被害虫茶尺蠖取食后基因表达谱差异，得到 222 条差异片段，并对其中 20 条进行了分类，为揭示茶树的茶尺蠖防御机制提供了试验依据。

王新超等（2008）对安吉白茶正常和白化叶片进行差异基因的筛选，得到 5 个已知的和 7 个未知的基因片段，对这些基因的研究将有助于了解安吉白茶叶片白化的分子机理。

Singh 等（2009）以茶树干旱、GA 和 ABA 处理过的样品为研究对象，通过 DDRT-PCR 结合 RACE 技术克隆到了茶树的 QM 类似基因，通过对该基因的表达调控分析发现其与旺盛的生长有关，受干旱和 ABA 的抑制，受 GA 的诱导。

2. cDNA-AFLP

cDNA-AFLP 技术具有重复性好、假阳性低等优点，是迄今为止茶树表型差异克隆中应用最多的一种技术。

Fang 等（2006）在研究花发育相关基因过程中，克隆得到 Tua1 基因。该基因与 α-tubulin 基因同源，用原核系统表达出了蛋白，发现该蛋白可以促进花粉管的生长，有证据表明该基因可能与雄性不育相关。

余梅等（2008）以大叶乌龙发育早期和晚期的花蕾为材料，用 cDNA-AFLP 技术分析了差异表达的基因，克隆得到了 CsPSP1（花粉特异表达基因），与烟草 PSP1 基因同源性高达 81%，分析其内含子和序列特征，并推测该基因可能在花粉的萌发和花粉管的伸长中起作用。余梅等（2008）研究发现茶树中也存在 14-3-3 蛋白，且仅在花发育晚期表达。

作为喜热植物，抗寒性对江北茶树种植十分重要。陈暄等（2009）利用 cDNA-AFLP 技术进行了茶树低温胁迫处理的基因表达差异分析，获得低温诱导后特异表达的差异片段，经 BLAST 比对发现该片段与白菜、拟南芥、烟草的抗寒基因 CBF（C-repeat Binding Factor）分别有 94%、84%、81%的同源性，而后通过 RACE 技术获得该片段 cDNA 全长序列。房婉萍等（2009）用同样的方法得到了另一个冷诱导基因 CBF 和 H1-histone1。

陈暄等（2009）分析了结实率差异显著的龙井 43 和大叶乌龙 2 个茶树品种在花蕾发育过程中基因表达的差异。从获得的差异图谱中，克隆得到一个与茶树花发育相关的钙依赖蛋白激酶基因片段，然后用 RCAE 方法扩增获得其 cDNA 全长序列，命名为茶树 TCK 基因。

陈林波等（2010）利用 cDNA-AFLP 技术结合 RACE 技术获得了茶树低温诱导的一个转录因子 RAV 基因，与多种植物 RAV 蛋白具有高度同源性。通过对基因表达模式的分析推测该基因在组织中的表达受到严格控制，而且在响应非生物胁迫中发挥重要作用。

（五）测序克隆

测序克隆是通过测定 DNA 序列克隆基因的方法。

1. EST 测序

表达序列标签 EST（Expressed Sequence Tag）是源于 mRNA（cDNA）短的、单向测定的序列片段，也是一种发现新基因和研究基因表达谱的有效工具。近年来，构建 cDNA 文库并进行大规模测序已成为一种高效率、低成本的发现新基因的技术，在茶学研究中应用广泛。

Chen 等（2005）构建了龙井 43 和安吉白茶 2 个茶树品种新梢的 cDNA 文库，在大量测定龙井 43 cDNA 文库 EST 序列的基础上，获得了 CHI（查尔酮异构酶）和 FS（黄酮醇合成酶）等基因。

在已有 EST 文库的基础上，张亚丽等（2008）克隆得到了 ACC 氧化酶全长基因并进行了表达谱分析，推测可能与抗寒性状有关。

紫阳 1 号是一个常年不开花不结果的特异茶树种质，李冬花等（2009）以紫阳 1 号新梢为材料，构建 cDNA 文库，进行了 EST 测序，获得了大量已知功能基因、46 个未知功能基因和 26 个未找到同源序列的基因。这些成果将为茶树花发育相关研究提供理论依据。

基因表达具有组织和器官特异性，以不同的组织器官为材料提取 DNA 进行基因克隆，也具有重要意义。史成颖等（2009）以茶树嫩根为材料构建 cDNA 文库，进行了 EST 测序，初步确定已知功能基因 734 个，推定功能基因 102 个，未知功能基因 178 个。

以上这些研究结果，既为进一步分离克隆茶树根部功能基因奠定了基础，又为以后差异杂交获取茶树不同部位的特定代谢途径的酶基因及相关的调控基因提供了平台。

2. 全基因组测序

一个生物的全基因组序列蕴藏着这一生物的起源、进化、发育、生理及所有与遗传性状有关的重要信息。对农作物进行全基因组测序将大大加快其分子生物学研究进程，加快良种培育的速度。

迄今为止，拟南芥、水稻、玉米、高粱、大豆、野草莓等农作物的全基因组测序已经完成。美国、中国、德国、以色列、澳大利亚、巴西、埃及、巴基斯坦8国共70名科学家参与了棉花全基因组测序工作，测序研究结果《棉花基因组的多倍化及纤维的发育》2012年发表在《自然》杂志上。

2010年中国科学院昆明植物研究所启动茶树的全基因组测序工作，最终在2017年完成。具体研究结果报道如下：

> 中国科学院昆明植物研究所高立志研究员带领的研究团队于2010年首次在国际上启动了茶树基因组计划，该团队经过7年的努力与国内外诸多单位联合攻关，攻克了茶树高杂合、高重复和基因组庞大的植物基因组测序的难题，终于率先在国际上破解了茶树的基因组，破译了茶树基因组并揭示茶叶风味、适制性及茶树全球生态适应的遗传学基础，成果以“The tea tree genome provides insights into tea flavor and independent evolution of caffeine biosynthesis”为题于2017年5月1日在线发表在*Molecular Plant*杂志上。该成果受到了国内外诸多媒体的广泛关注。
>
> 研究表明，茶叶中含有茶氨酸、咖啡因、维生素、芳香油和矿物质等很多特征性成分，茶树基因组图谱的成功绘制对揭示决定茶叶适制性、风味和品质，以及茶树全球生态适应性的遗传基础都有重要促进作用。相对于“世界三大饮料植物”中的咖啡和可可而言，茶树基因组具有高杂合、高重复和基因组庞大等特点。由中国科学院昆明植物研究所牵头的联合科研团队通过基因组建库与测序等一系列关键技术，攻克了茶树基因组测序的难题，在国际上率先获得了高质量的茶树基因组序列。
>
> 中国科学院昆明植物研究所研究员高立志介绍，茶树基因组中，重复序列含量极高，占到了整个基因组的将近90%。在过去的5000万年间，茶树基因组变得十分庞大。测序结果发现，这个茶树基因组序列达

到了 30.2 亿个碱基对（3.02Gb），总共从里面注释出 36591 个编码基因。

四、茶树花相关基因的克隆与表达研究

（一）茶树花发育相关基因

花发育分子生物学已经成为植物分子生物学研究的热点领域。在花药、花粉的发育过程中，涉及近万种特异基因的表达，但目前得到鉴定的花粉发育特异基因也不过几十种。研究植物花在发育过程中基因表达的时空特异性，分离相关的特异基因和特异启动子，对于认识植物花发育的分子机理有重要意义。

茶树是世界上重要的经济作物，从生物学角度来说，是一种自交不亲和木本植物，对其花发育相关基因表达进行研究，将为揭示茶树花发育的分子机制、调控茶树的开花结实提供理论依据。近年来，从分子水平上探索与茶树品质有关的特征性代谢产物的研究进展较快，一些与茶树品质相关的功能性基因相继得以克隆和研究。

1. 茶树花发育中一个钙依赖蛋白激酶基因的克隆与表达

在植物开花调控作用中，最初的理论认为诱导开花的物质由叶片输送至茎尖，从而决定花器官的发生。最近学者提出花器官发育的 ABC 模型和网络模型，此模型认为基因组群之间的相互作用决定花器官的分化和发育，茎尖感受到信号传递后，启动花原基发生。而什么事件标志着这种传递，这种传递又是如何调节的，还有待于深入研究。

陈暄等（2009）研究了茶树花发育相关的一个钙依赖蛋白激酶基因的克隆与表达。植物蛋白激酶是植物细胞信号转导的重要成分，在调控细胞的生物学活动中具有重要作用。蛋白激酶几乎与所有重要的发育代谢过程有关，在植物的发育、自交不亲和、雄性不育、抗逆和抗病等生命活动过程中起重要的调控作用。蛋白激酶在各种生物中广泛存在，根据互联网公布的水稻全基因组序列图谱，通过同源序列比对，共发现了 1532 个具有激酶结构域的蛋白质（PF00069）。研究发现在拟南芥中也存在 1053 个激酶，这些激酶与它们的上下游蛋白质组成了一个复杂而有序的网络，调节植物的正常生长发育并对外界环境刺激进行反应。

Ca^{2+}通过同其靶蛋白相互作用在植物发育过程中起重要作用，两个研究得比较多的植物 Ca^{2+}靶蛋白是钙依赖性蛋白激酶（CDPKs）及钙调素（CaM）。目前

已对多种 CDPKs 进行了生化和分子生物学分析，探讨了其在植物生理和发育过程中的功能。众多 CDPKs 基因从不同种植物中不断地被克隆、鉴定，越来越多的试验结果证明，植物 CDPKs 在多种生理活动中都有着重要的调节作用。

陈暄等（2009）以结实率差异显著的两个茶树品种龙井 43 和大叶乌龙为研究材料，应用 cDNA-AFLP（Amplified Fragment Length Polymorphism）技术分析了结实率差异显著的龙井 43 和大叶乌龙两个茶树品种在花蕾发育过程中基因表达的差异。从获得的差异图谱中，克隆得到一个与茶树花发育相关的钙依赖蛋白激酶基因片段，然后用 RCAE 方法扩增获得其 cDNA 全长序列，命名为茶树 TCK（Camellia Sinensis Calcium-dependent Protein Kinase）基因，GenBank 登录号 EU732607。该基因 cDNA 序列全长 2281bp，编码 760 个氨基酸。用 RT-PCR 方法进一步研究该基因的功能，检测其表达特异性，结果表明该基因只在茶树花蕾发育后期特异表达，在叶、花蕾发育早期均无表达，提示 TCK 基因可能在茶树花发育过程中发挥重要作用。

陈暄等（2009）所得到的钙依赖蛋白激酶基因，来自茶树花发育的差异表达图谱，并且在表达特异性分析中也表明它只在茶树花发育的大花蕾时期进行表达，这些结果与前人报道中的 CDPKs 及 CaMKs 等特性吻合，也证明了茶树的 TCK 基因在花的发育过程中起着特定的作用。

2. 茶树花发育 MADS-box 转录因子研究

茶树，作为我国乃至全世界重要的叶用经济植物，具有山茶属植物特有的“花果同现”特征，即从花芽分化到种子成熟，花果在植株上生长时间长达 15~16 个月。这种全年持续的生殖生长必然与叶片的营养生长产生竞争，影响茶叶的产量。为了使茶叶保持较高的产量，抑制花芽形成，是重要的研究方向。从分子生物学角度对决定茶树花性别分化、花器官发育的 B 类和 C 类 MADS-box 基因进行分子机理研究，可为从生殖器官分化的源头抑制茶树“花果同现”现象提供理论基础。

开花植物中不同类型的花器官，如萼片、花瓣、雄蕊和雌蕊都是由花器官特征基因决定的，而这些基因产物即转录因子是以一种组合的方式形成蛋白复合物来发挥其功能，从而决定花分生组织分化为不同的花器官。因此，确定这类转录因子的互作模式是功能基因组学研究的重要组成部分。

在模式植物拟南芥中，发现花发育的 B 类和 C 类基因功能较为保守，其中 B 类基因 GLO（GLOBOSA）/PI（PISTILLATA）-like 是决定花瓣和雄蕊分化的特征基因。拟南芥 B 类基因的缺失可导致花瓣和雄蕊同源异型转变为萼片和心皮；

而该类基因的异位表达，则可使萼片转化为花瓣，心皮转化为雄蕊。拟南芥 C 类基因 AG（AGAMOUS）可在雄蕊和心皮原基中特异表达，以调节雄蕊、心皮和胚珠的正常发育，而 Agamous 突变体则表现出花分生组织终止延迟、雄蕊转变为花瓣、重瓣花形成以及心皮转变为萼片等性状。随着花发育遗传学研究的深入，已发现拟南芥 E 类基因 SEP（SEPALLATA）是花器官发育的关键因子。E 类蛋白与 ABC 类转录因子形成四聚体复合物，共同调控和诱导花器官的形成，并建立了“四聚体模型”，即 ABC 类和 E 类蛋白形成 2 个同源或异源二聚体，再特异结合到靶基因启动子区的 2 个 CarG（5′-CCA/TGG-3′）元件上，2 个二聚体的 C 末端结合形成四聚体，进而调控靶基因的表达，控制花器官形成。

研究茶树 B 类和 C 类蛋白二聚体的组合形式，定位其在细胞中的互作位置，对揭示茶树花器官的形成和性别分化具有重要意义。

靳春梅等（2017）利用酵母双杂交方法和双分子荧光互补技术（BiFC），研究了茶树花发育 MADS-box 的 B 类转录因子 CsGLO1、CsGLO2 与 C 类转录因子 CsAG 间的互作关系及其可能发生互作的亚细胞定位。通过构建 5 个酵母表达载体，利用酵母单杂交实验检测了 3 个蛋白的转录激活活性，并通过酵母双杂交实验分析了蛋白间的互作关系。结果显示，3 个蛋白均无转录激活活性，且两两之间可发生相互作用。进一步构建 6 个 BiFC 表达载体，采用压力注射法瞬时浸染烟草叶表皮细胞，并利用激光共聚焦显微镜观察荧光信号，结果表明茶树 B 类 CsGLO 与 C 类 CsAG 蛋白可在植物活细胞内形成同源和异源二聚体，并具有在细胞质中发生互作的特定模式。本研究可为利用分子生物学技术抑制茶树“花果同现”现象提供理论依据。

作为花器官特征决定基因，前期亚细胞定位结果显示，茶树 CsGLO1、CsGLO2 和 CsAG 蛋白均为核定位蛋白。靳春梅等（2017）研究发现，这 3 个转录因子均不具备转录激活活性，因此可能需要形成二聚体或四聚体蛋白复合物，才能调控下游靶基因的转录和表达。对 BiFC 检测结果进一步分析，发现了茶树花发育转录因子 CsGLO1、CsGLO2 和 CsAG 在活细胞中的互作模式。这与酵母双杂交实验结果一致，这 3 个转录因子都具备相互结合形成蛋白二聚体复合物的能力，且所有同源和异源二聚体均定位于细胞质中。

茶树 B 类和 C 类蛋白间的互作模式具有种属特异性，而蛋白 CsGLO1 和 CsGLO2 均可与 CsAG 相互作用，一定程度上表明 CsGLO1 和 CsGLO2 转录因子的功能具有相似性。因此，研究茶树 MADS-box 蛋白间的互作模式可为进一步阐明茶树花发育分子调控模型提供理论依据。

3. 雌蕊缺失茶树花 3 个发育期的数字基因表达谱分析

茶树是重要的叶用经济作物，茶树栽培的目的是收获其营养器官——芽叶。因此，茶树枝叶生长繁茂是茶园高产、稳产的前提。茶树的生长过程中包括营养生长和生殖生长，其中生殖生长期较长，从当年的花芽分化和花器官发育，到下一年的茶果生长成熟，要经历 1.5 年的时间，在此期间将消耗大量的营养物质，从而影响了茶叶的营养生长。

花的发育过程中，花芽的形成意味着生殖生长的开始。植物雌蕊发育正常与否是影响植物生殖生长的重要因素，因此，深入研究雌蕊缺失的分子遗传学，对于揭示植物花器官性别分化、发育的分子机理，以及在生产实践中利用雌性不育来提高产量具有重要的理论和实践意义。

近年来，以雌性不育突变体植株为材料，应用遗传学方法与分子生物学技术来研究雌配子体及胚珠发育的调控机制取得了重要进展。研究大都以拟南芥、金鱼草、矮牵牛、油松、大豆、甘蓝型油菜、小麦和水稻等模式植物为材料，但以雌蕊缺失为材料的研究相对甚少。吴剑锋等基于转录组水平上分析芜菁雌蕊退化突变和其野生型植株的开放花，获得了 152 个差异表达基因，其中 9 个显著差异基因不但在雌蕊发育等生殖发育过程起重要作用，还参与了植物营养生长的生理生化过程。萝卜败育花蕾与正常花蕾相比有 221 条差异表达的转录片段，在败育的萝卜花蕾中发现液泡加工酶（Vacuolar Processing Enzyme，RsVPE1）表达量较高，研究者进而在拟南芥中高表达 RsVPE1，发现拟南芥花芽败育。拟南芥中，生长素响应因子（Auxin Response Factor，ARF）的一个调控因子 AtARF3 突变导致雌蕊的背腹结构混乱。研究 WUS（WUSCHEL）家族对雌蕊发育影响，发现 WUS-1 突变导致第四轮花器官缺失，另外，WUS 的一个负调控因子 ULTRAPETALA1（ULT1）的缺失产生更多的花器官，主要是花萼和花瓣，也有额外的心皮和雄蕊。在茶树中，宋维希等初步分析了雌蕊缺失茶树的农艺性状与品质特征。但雌蕊缺失茶树花分子机理的研究知之甚微，有待进一步探索。

茶树是多年生常绿木本植物，茶树花属完全花、两性花，由花托、花萼、花冠、雄蕊群和雌蕊组成。云南省农业科学院茶叶研究所收集保存了 1 株特异花资源，该材料为天然的雌蕊缺失突变体，与正常的茶树花相比，该突变体花无雌蕊、无子房的单性雄花，是一种功能的性器官。单性花其性别分化更彻底，是研究其发育、性别分化和性别决定机制的理想材料。因此本研究利用新一代高通量测序技术对雌蕊缺失茶树花的花芽、花蕾、花 3 个阶段进行数字基因表达谱分析，获得大量与雌蕊缺失和雄花发育相关的差异基因及生物学通路，为后期深入研究茶树花性别分化和性别决定机制提供理论依据。

李梅等（2017）以雌蕊缺失茶树花为试材，利用转录组、数字基因表达谱技术，研究了雌蕊缺失茶树花的花芽、花蕾、花 3 个时期相关基因的表达规律。结果发现，雌蕊缺失茶树花生长发育过程中进行着各种旺盛的生物合成和代谢活动。生长素信号转导途径的 6 个基因和 ABCDE 类识别基因的 A 类、C 类和 E 类可能与茶树花的雌蕊缺失和雄蕊发育密切相关，并且基因调控过程较复杂；WUS 基因中 WUS2 和 WUS8 下调可能调控了 C 类和 E 类基因，从而导致雌蕊的缺失；KNOX 家族中，未检测到 KNOX Ⅱ 的同源基因，KNOX Ⅰ 类同源基因下调表达和缺失可能减弱了茶树花雌蕊心皮的启动和雌蕊边缘组织的生长。可以看出，该研究通过数字基因表达谱分析，初步了解了雌蕊缺失茶树花发育前后的网络途径，为后期对茶树花雌蕊缺失和雄蕊发育的研究，探明茶树花不育和性别决定基因的分子机制提供理论依据。

（二）茶树花花色相关基因

花青素（Anthocyanidins），又称花色素，是自然界一类广泛存在于植物中的水溶性天然色素，是花色苷（Anthocyains）水解而得的有颜色的物质。水果、蔬菜、花卉中的主要呈色物质大部分与之有关。植物细胞液泡不同的 pH 值，影响着花青素的颜色。在酸性条件下呈红色，其颜色的深浅与花青素的含量呈正相关性；在碱性条件下呈蓝色。花青素使花瓣呈现五彩缤纷的颜色。

已知花青素有 20 多种，食物中重要的有 6 种，即天竺葵色素、矢车菊色素、飞燕草色素、芍药色素、牵牛花色素和锦葵色素。在茶树花中，也有花青素相关基因的表达。

儿茶素是茶树主要的次生代谢产物，主要包括 4 种非酯型儿茶素和 2 种酯型儿茶素。其中，4 种非酯型儿茶素为儿茶素[(+) -catechin，C]、没食子儿茶素[(+) -gallocatechin，GC]、表儿茶素[(-) -epicatechin，EC]、表没食子儿茶素[(-) -epigallocatechin，EGC]，2 种酯型儿茶素为表儿茶素没食子酸酯[(-) -epicatechin-3-gallate，ECG]、表没食子儿茶素没食子酸酯[(-) -epigallocatechin-3-gallate，EGCG]。

迄今为止，有关植物中黄烷-3-醇（儿茶素）的主要合成步骤已基本探明，类黄酮途径中黄烷酮在黄烷酮 3-羟化酶、类黄酮 3′羟化酶、类黄酮 3′,5′-羟化酶作用下生成各种二氢黄酮醇，其中二氢槲皮素和二氢杨梅素在二氢黄酮醇 4-还原酶、无色花色素还原酶作用下分别生成非酯型儿茶素 C 和 GC。

有关非酯型儿茶素 EC 和 EGC 的合成，Stafford H. A. 推测可能来自 C 和 GC 的差向异构化。然而，Xie 在拟南芥的花色素研究中报道了 BAN 基因，其表达的花青素还原酶可利用 NADPH 使花青素转变成顺式黄烷-3-醇，即二氢槲皮素和二氢杨梅素在 DFR、花青素合成酶、ANR 的共同作用下分别生成 EC 和 EGC。

茶树花青素还原酶是催化非酯型儿茶素 EC 和 EGC 合成的关键酶。2011 年，骆洋等研究了茶树花青素还原酶基因在大肠杆菌中的表达及优化。他们采用 RT-PCR 技术，获得了茶树花青素还原酶基因的开放阅读框，它编码含 337 个氨基酸的蛋白质，推测分子量为 37kD，等电点为 6.54。研究还成功地将该基因重组到表达载体 pET32a（+）上，并在大肠杆菌 Rosetta 中进行原核表达；优化了原核表达中诱导时间、诱导温度、IPTG 浓度、氨苄西林浓度，获得了能高效表达茶树 ANR 酶的菌株，在 25℃、1.0mmol/L IPTG、200μg/mL 氨苄西林条件下，诱导 5h，其蛋白表达量最高。随后通过钴离子亲和树脂得到初步纯化，并进行了初步功能分析，HPLC 检测表明，目的蛋白具有 ANR 酶活性。

（三）茶树花花香相关基因

茶新鲜叶香气物质种类多，但含量低。按香气物质的化学结构，可将其分为萜烯类及其衍生物、脂肪族类及其衍生物，芳香族衍生物，含氮、氧等杂环类及其他化合物（张婉婷等，2010）。其中，萜类香气物质有百余种之多（张正竹等，2000），多为挥发性的单萜（C_{10}，如香叶醇和芳樟醇）和倍半萜（C_{15}，如橙花叔醇）以及降倍半萜（C_{13}，如紫罗兰酮）。这些物质香味活性高、感受阈值低（Schieberle，1995），常带有浓郁的甜香、花香和木香，对成品茶的香气香型有特别的影响（Schuh 和 Schieberle，2006）。

成品茶的香气物质均直接或间接源自茶鲜叶中的代谢产物。研究表明，茶鲜叶中的萜类香气物质除了游离态外，还有与糖分子结合的糖苷形态。这些积累在叶片中的糖苷态香气前体物质在加工和饮用时水解呈香（Wang 等，2000）。茶鲜叶中糖苷态萜类香气前体的种类和含量对红茶和乌龙茶等发酵和半发酵茶的香气品质起着关键作用（Schuh 和 Schieberle，2006；贺志荣等，2012；施梦南和龚淑英，2012）。

生物学研究表明，茶树挥发性萜类物质具有重要的生态学功能。茶树未受损伤的鲜叶基本无味或味轻微，偶尔能检测到微量的游离态萜类香气物质（许宁等，1999）。当茶树遭受昆虫侵害时，叶片中一些萜类合成酶（Terpenoid Synthase，TPS）基因的表达明显增强（Gohain 等，2012）。茶树在被昆虫取食、

UV-B（280~315nm）照射和茉莉酸甲酯处理后，叶片挥发性萜类物质含量明显升高（Izaguirre 等，2003；桂连友，2004；Dong 等，2011）。

茶树花清香带甜，在花蕾绽放初期，芳樟醇、香叶醇及橙花醇的含量明显升高，吸引昆虫进行虫媒授粉（游小清等，1990；顾亚萍和钱和，2008；Joshi 等，2011）。在模式植物拟南芥上的研究显示，由萜类前体合成途径生成的异戊二烯焦磷酸及其异构体在相关的异戊烯基转移酶的作用下，生成香叶烯基焦磷酸和法尼烯基焦磷酸，再分别经单萜和倍半萜合成酶催化生成挥发性单萜和倍半萜（Rohmer 等，1993；Aharoni 等，2003；Degenhardt 等，2009）。

对有关茶树萜类香气物质生物合成的研究鲜见报道。Xiang 等（2013）发现，在茶树萜类前体合成途径（甲羟戊酸途径和赤藓糖醇途径）中一些基因的表达受代谢前体的调控。但对有关茶树萜类合成酶的研究，以及对茶树 TPS 家族基因的表达调控、对茶树萜类香气物质生物合成时空变化报道甚少，只见刘晶晶等 2014 年的研究。

该研究针对影响茶叶香气品质的关键物质在鲜叶和花中的含量和相关基因表达的关系，以茶无性繁殖系品种农抗早不同发育阶段鲜叶和花为试材，进行气相色谱和质谱分析。结果表明，茶树叶片萜类化合物含量受叶片发育阶段影响，表现为幼叶中多、老叶中少；糖苷态多、游离态少。此外，对前期获得并初步注释的茶树转录组数据库进行挖掘，发现茶树萜类香气物质合成酶编码基因 10 个，分别为萜类合成酶——芳樟醇合成酶（CsLIS）、香叶烯合成酶（CsMYS）、（E）-β-罗勒烯合成酶（CsOCS）、（R）-柠檬烯合成酶（CsLIM）、（-）-α-萜品醇合成酶（CsTES）、（+）-α-水芹烯合成酶（CsPHS）、大根香叶烯合成酶（CsGES）、（E，E）-α-法尼烯合成酶（CsFAS）、芳樟醇/橙花叔醇合成酶（CsLIS/NES）和橙花叔醇/香叶烯芳樟醇合成酶（CsNES/GLS）的基因序列（按照植物基因命名的基本原则对上述基因进行命名）。探明茶鲜叶中主要挥发性萜类香气物质代谢谱及其相应的基因表达谱的时空表达特点与关系，表现为在不同发育阶段叶片和茶树花中的转录水平与萜类香气物质丰度的时空变化有明显的正相关，揭示茶树萜类香气物质生物合成和释放的分子机理。此外，利用茉莉酸甲酯（MeJA）等逆境信号物质对茶苗进行处理，结果发现 MeJA 能显著增强芳樟醇合成酶基因等 6 个基因的表达，为寻求茶叶增香的技术手段奠定了理论基础。

（四）茶树花逆境诱导信号转导应答相关基因

AP2/EREBP 家族是植物中普遍存在的一类重要转录因子，与多种生理生化反应的信号（如抗病、抗逆）诱导相关。它含有 1 个或 2 个由 6070 个氨基酸残基组成的非常保守的 DNA 结合域（DNA-binding domain），即 AP2/ERF 结构域。Sakuma 等（2002）将 AP2/EREBP 家族分为 5 个亚族，即 AP2 亚族、RAV 亚族、DREB 亚族 ERF 亚族和其他类别。家族成员特异性的结合于核心序列为 GCCGCC 的 GCC-box 顺式作用元件上。但是，DREB 蛋白特异性的结合于含 PuCCGAC 为核心序列的 DRE/C-repeat 顺式作用元件上。DRE/C-repeat 序列很像 GCC-box，两者都是以 CCGNC 为共同的核心序列。

植物中存在的转录因子中，有相当一部分与抗逆性有关，例如 DREB。有些转录因子能被几种胁迫诱导，如 ABA、高盐、低温、高渗、衰老等可以诱导 At-Myb2 转录因子。此转录因子家族为植物所特有，至少有 144 个成员。

AP2/EREBP 转录因子广泛参与植物逆境诱导信号转导，主要调节植物对激素、病原、低温、干旱及高盐等分子应答反应。其中 AP2 亚族转录因子主要参与植物发育调控，如决定花器官的形态和发育、控制花序分生组织的形成及胚珠和种子的正常发育等。近年来茶树 AP2/EREBP 家族的 DREB 亚族的 CBF 基因、RAV 亚族的 RAV 基因等已先后被克隆，并开展了相关功能研究。

方成刚等（2014）利用 cDNA-AFLP 技术研究了紫娟茶树幼效叶和成熟叶之间的基因表达差异，筛选出 1 个在幼嫩叶中高表达的差异片段，通过 RACE（Rapid Amplification of cDNA End）方法，获得含完整编码区序列的茶树 APETALA2 转录因子基因的全长 cDNA，其开放用读框编码 518 个氢芸酸，含有 2 个 AP2 结构域，与种植物 APETALA 蛋白具有高度同源性，属于 AP2 亚族，命名为 CABP2。转录因子基因克隆期望能为从分子水平上认识茶树成花机理，以及为进一步研究 APETALA2 基因在茶树花发育中的作用奠定基础。

AP2 基因作为花器官的 A 类基因，其最明显的功能是参与调控花器官和种子的发育。茶树 AP2 基因在紫娟幼嫩叶片中的表达高于它在成熟叶片中的表达，这一现象与白桦 CsAP2 基因在幼嫩组织（叶片和茎）中的表达要高于其成熟组织（叶片和茎）是一致的，可推测茶树 AP2 转录因子基因不仅在调控花分生组织特异性、花器官特异，也在幼叶向成熟叶以及营养生长向生殖生长的转型方面具有重要调控作用。

主要参考文献

陈暄，汤茶琴，邹中伟，等，2009. 茶树花发育相关的一个钙依赖蛋白激酶基因的克隆与表达分析 [J]. 茶叶科学 (1): 47-52.
方成刚, 夏丽飞, 陈林波, 等, 2014. 茶树 CsAP2 基因的全长 cDNA 克隆与序列分析 [J]. 茶叶科学, 34 (6): 577-582.
黄建安, 李家贤, 黄意欢, 等, 2005. 茶树 AFLP 分子连锁图谱的构建 [J]. 茶叶科学, 25 (1): 7-15.
靳春梅, 周坤, 张今今, 2017. 茶树花发育 MADS-box 转录因子 CsGLO1、CsGLO2 与 CsAG 之间的互作关系研究 [J]. 植物科学学报, 35 (1): 79-86.
李梅, 陈林波, 田易萍, 等, 2017. 雌蕊缺失茶树花 3 个发育期的数字基因表达谱分析 [J]. 茶叶科学, 37 (1): 97-107.
刘晶晶, 王富民, 刘国峰, 等, 2014. 茶树萜类香气物质代谢谱与相关基因表达谱时空变化的关系 [J]. 园艺学报, 41 (10): 2094-2106.
骆洋, 王弘雪, 王云生, 等, 2011. 茶树花青素还原酶基因在大肠杆菌中的表达及优化 [J]. 茶叶科学, 31 (4): 326-332.
马建强, 姚明哲, 陈亮, 2010. 茶树遗传图谱研究进展 [J]. 茶叶科学, 30 (5): 329-335.
石亚亚, 金孝芳, 陈勋, 等, 2013. 常用的基因分离技术及其在茶学研究中的应用 [J]. 湖北农业科学, 52 (24): 5953-5957, 5965.
赵丽萍, 马春雷, 陈亮, 2008. 茶树幼根 cDNA 文库构建及其表达序列标签特性分析 [J]. 分子植物育种, 8 (5): 893-898.
Hackett C A, Wachira F N, Paul S, et al., 2000. Construction of a genetic linkage map for *Camellia sinensis* (tea) [J]. Heredity, 85 (4): 346-355.

第七章　茶树花资源社会价值及未来发展建议

党的十九届五中全会提出，优先发展农业农村，全面推进乡村振兴，坚持把解决好“三农”问题作为全党工作重中之重，走中国特色社会主义乡村振兴道路，脱贫攻坚成果巩固拓展，乡村振兴战略全面推进。自 2015 年党和国家确定坚决打赢脱贫攻坚战的目标以来，我国减贫措施和扶贫政策取得显著成效。截至 2019 年年末，全国农村贫困人口从 2012 年年末的 9899 万人减少至 551 万人；贫困发生率从 2012 年的 10.2%下降至 0.6%。在我国积极多样的扶贫政策中，“产业扶贫”既是促进贫困地区发展、增加贫困农户收入的有效途径，也是扶贫开发的战略重点和主要任务。2020 年是决胜全面小康、决战脱贫攻坚的收官之年，在新冠肺炎疫情的影响下，继续强化产业扶贫力度，推动实现经济内循环，无论是对贫困农户，还是对全国经济大局，都有着更重要的意义。

茶，起源于中国，已成为世界传统饮品，在历史上助力中华民族的辉煌，在今天同样扮演着重要角色。除茶叶本身之外，与茶叶同根共生、花叶同枝的茶树花也可成为我国茶产业新的增长点，扶持茶农增产增收。茶树花具有丰富的营养成分和保健价值，拓展其广泛的使用途径，不但可以延长茶产业链，提高产品附加值，而且有利于带动茶产区经济发展，提升全民的保健水平。发展茶树花产业有助于把产业扶贫与乡村振兴、生态建设有机结合起来，为实现巩固拓展脱贫攻坚成果同乡村振兴有效衔接提供切入点。因此，支持和发展茶树花产业，充分挖掘茶树花的生态价值、经济价值和文化价值，在当下有着巨大的理论和现实意义。

一、茶树花资源社会价值分析

数千年来，人们种茶只关心芽叶，却没有注意到富含营养成分和活性物质的茶树花，没有对它充分地开发利用，更没有对它的社会价值进行挖掘。分析茶树花的社会价值，主要但并不限于如下四个方面。

（一）生态价值：变废为宝，有效利用自然资源

茶树花是指茶树上开的花，是茶树的繁殖器官。每年的6—7月开始形成花芽，然后形成花蕾，10月之后渐渐开花。茶树开花之后形成的果实大多没有被利用。数千年来，人们种植茶树只是采用了芽叶，却没有注意到富含营养成分和活性物质的茶树花，更没有对其进行开发利用。

随着无性繁殖技术的推广和应用，茶树花不再需要担负繁殖后代的职责，便成了茶树的累赘、茶农的负担。由于茶树花的开放和结果会消耗新芽萌发所需的部分营养，影响新茶产量和质量，有些茶农甚至会将其当成茶叶的“克星”，想方设法除去茶树花。此过程耗费了大量的人力物力，严重浪费了珍贵的茶树花资源。

另外，因为茶树的花芽比叶芽萌发率高，有些无性繁殖品种的茶树，如生产管理水平过低，花果则会生长得更多，过多的花果生长要消耗茶树体内的营养而直接影响茶叶的产量和品质。为此，茶农常采用修剪花果枝和喷洒化学药物的方法除花落果，以达到增产保收的目的。

实际上剪去茶树顶端的育花枝条，其剪口愈合需要及时加强肥培管理，否则，不仅达不到增产保收的目的，反而会造成费工减产的后果。喷洒除花药物的确能抑制花果生长，但是，药物的残留会影响茶叶品质、增加食品安全风险。因此，茶树花被视为困扰茶区的一大问题。将茶树花摘除，还可在一定程度上提高茶叶的产量品质，由此会进一步激发茶农的生产积极性，促进茶叶生产，壮大茶产业。

以浙江省淳安县为例，这里作为鸠坑种原产地，曾主推的鸠16、鸠20等单株，具有花期长、花蕊盛的特点。这为茶树花的生产提供了良好的基础条件，通过上半年生产名茶，下半年生产茶树花的农作方式，延伸茶产业链，助力茶产业发展。茶树花无须特意栽种培育，有茶树的地方就有茶树花，其资源丰富、可再生。

（二）经济价值：扶贫攻坚，增加农民收入

由于我国自然资源分布不均，各地发展基础不同，在经济规律的作用下，我国的贫困问题具有显著的区域性特征。其中最明显的特征之一，就是集中连片贫困地区、深度贫困地区多分布于山区和中西部地区，如广西东部、贵州省西部、云南省南部、福建省北部、安徽省中部等地。而群山如屏、绿水环绕、温湿适宜

的各山区，也正是我国主要的茶产区，群山阻隔了北部季风或海风的侵袭，为茶树的生长营造了一个空气清新、污染较少的有利环境，诞生出广西六堡茶、贵州都匀毛尖、云南普洱茶、福建安溪铁观音、安徽黄芽等诸多名誉海内外的知名茶品。

我国有近亿名茶农，茶园面积约 4598 万亩，分布在 18 个省（区、市）的 1000 多个县，多属于经济欠发达的少数民族集聚区和贫困山区，人均年收入较低。茶农增收和扶贫问题涉及人群数量多、地域广，已引起党和国家领导人的高度重视。茶树种植作为山区经济第一产业中的主要部分，其发展情况与当地农户的生活质量和收入水平息息相关。

在茶产业体系中，茶树花产业深具潜力。茶树的开花数不同品种之间、同一品种不同单株之间差异都很大，而且自然生长的茶树开花数显著多于生产茶园的茶树。根据研究者多年实践发现，每亩茶园可产鲜花 200~400kg，多的超过 500kg。每千克鲜花按照 4 元计算，茶农可增加收入 800~1600 元。而且茶树花的采花季节在 10 月之后，秋收秋种已基本结束，正值农民秋收后的冬闲时节，茶农与其他农事活动不相冲突。开展茶树花生产，可有效利用这一时期的闲置劳动力，扩大农民再就业，发展农村经济。采摘生产茶树花，不仅增加了茶树花的收入，而且对来年春茶有不同程度的增产效果，可提高茶园经济效益，增加茶农收入。

可见，扶持茶树花产业，既有利于山区茶农在农闲时充分发挥劳动能力，让宝贵的食品资源得到整合，增加茶农的额外收入，又可使茶树养分在去除茶树花的顶端优势后充分地供给叶、芽利用，促进茶叶产量、提高茶叶品质。此外，相关茶业企业利用茶树花资源可构建更为完备的茶产业链，提升茶及茶树花相关产品的影响力和知名度，为茶产业人才的培育提供发展平台。通过茶树花产业的发展释放劳动力、开发特色产品、完善产业体系、宣传地方文化、吸引人才……都有利于推动山区贫困农户摆脱贫困现状，拓宽收入渠道。

（三）健康价值：营养丰富，提供健康产品

茶树花为茶的生殖器官，其中所含的功能性成分比茶叶丰富，其抗氧化能力强，同时还具有多种营养与提升健康功效，利用价值极高。茶树花内含有丰富的茶多酚、茶多糖、蛋白质、氨基酸、维生素、微量元素和超氧化物歧化酶（SOD）等多种有益成分和活性物质，茶树花粉中的人体必需氨基酸配比合理，接近人体需要。多项研究表明，茶树花具有解毒、抑菌、降脂、降糖、抗癌、滋

补、养颜等功效，可帮助人体抗氧化、提神醒脑、促进代谢。茶树花毒理安全性符合欧盟标准。在2013年，《关于批准茶树花等7种新资源食品的公告》（卫生部公告2013年第1号）批准茶树花等资源为新资源食品，茶树花的价值才逐渐受到各界认可。

随着食品加工工艺的日趋成熟，茶树花的产品形式也可实现多样化，除了直接干制，做成茶树花茶以外，也可以像茶叶那样制成茶树花饮料、茶树花酒、茶树花粉，以及茶树花点心、茶树花糖、茶树花乳制品等大众喜闻乐见的日常食品。因此，茶树花在普及的过程中就兼具了“营养价值高”和“可接受度强”两种优势。通过进一步提取纯化，茶树花中的各种功能性成分甚至可应用于医药、化工等领域。茶树花粉也是不可多得的天然保健品，具有高蛋白质、低脂肪的特点，氨基酸含量居各种花粉首位。

茶树花除了本身的营养价值外，还具有绿色、生态的优势，资源丰富、可再生。茶树花生长季节基本不受农药、化肥和生长调节剂的污染，食品安全风险小。支持茶树花产业，让更多的民众了解茶树花的价值，接受、食用茶树花制品，不但有益于提升全民的营养水平，通过调整饮食缓解日常生活的亚健康状态，而且可助于改善全民膳食结构，在当今社会高油脂、多油重辣的饮食习惯中注入一股清流，让人们在餐桌上更多地接触茶树花、茶以及相关的绿色食品，让健康饮食的观念深入人心。

（四）文化价值：锦上添花，丰富升华茶文化

中国老百姓“开门七件事：柴米油盐酱醋茶”，茶对日常生活有着极大的影响。茶，滋润了百姓生活，强壮了中华民族，沟通了国际商道。古时的“茶马古道”，茶链接生命、链接友谊、链接发展。今天的“一带一路”，茶在物质和精神两个领域均有独特的贡献。

向绍兰老师所著的《走近茶树花》一书，赞美了茶树花是“佛缘花、药母花、母亲花、保健花、富民花、爱心花、平民花、和谐花、文明花”，具有深刻而高尚的文化内涵，给人欢喜，给人收获，给人启迪。茶文化史也是茶树花独特的“母亲花”生物镜像，“保健花、爱心花”科技内涵，“富民花、平民花”现实意义，“佛缘花、药母花”历史由来，“和谐花、文明花”文化内涵等，是一幅叶花俱荣，提升幸福指数的全景图。向绍兰老师希望更多的有识之士，解读茶树花的品格，释放茶树花的魅力，提升种茶人、卖茶人、喝茶人、品茶人的审美情趣和精神追求。

通过系列文化活动，打造茶树花文化。如福建省福鼎市的赤溪村，正在通过实施筑巢引凤的方式，设立茶树花文化重点开发区域，创立“赤溪—中国茶树花第一村”，举办“赤溪首届茶树花开采节”，策划“赤溪茶树花产业扶贫研讨会”“赤溪茶树花富民花采风”等系列活动，为赤溪的山水立境界，为赤溪的乡土传精神，将茶树花国家发展规划、地方发展策略、百姓发展意愿有机地结合起来。

二、茶树花资源开发利用的政策建议

（一）提升茶树花产业的科技水平

在经济新常态下，引领茶树花生产企业推进供给侧结构性改革、降低生产成本、提高效益，就必须以智能化、标准化、规模化为突破口。茶树花的相关生产企业要积极探索技术创新，密切与高校和科研院所开展科技合作，引进一批茶树花加工的智能生产线，不断提升高品质茶树花产品的生产能力。

此外，要实现茶树花及其制品的多类产品生产，也需要高科技的综合利用。除了制作直接饮用的茶树花茶、添加茶树花的相关产品外，还可以利用提纯技术在茶树花原料中提取有效成分，研发深加工及日用品。同时，各企业还应围绕“茶树花与健康”这一主题，利用先进的纯化手段和调和技术将茶树花的药用价值同各地的食药资源等相结合，加快研发一系列具有保健功效的茶树花食品，深化食品加工技术在茶树花领域的应用，提升茶树花产品的科技价值。

（二）加大政府对茶树花产业的支持力度

茶产业是国家实施乡村战略的特色产业之一，也是各茶产区发展富民兴村产业、构建“一村一品”产业新格局的特色优势产业。因此，中央和地方政府应通过制定相关政策和设立专项资金扶持茶树花产业发展，争取政府对茶树花产业的支持力度。要通过搭建茶树花“三产”融合助推平台，提炼和宣传茶树花文化，将茶树花融入“精准扶贫”“美丽乡村”“健康中国”等国家战略之中，让茶树花真正成为茶区富民兴村的新产业支撑。

建议实施加大支持的具体措施，一是科学制定茶树花产业的中长期发展规划，为推动全国茶树花产业高质量发展指引方向；二是合理设立茶树花产业园，帮助主要茶产区，尤其是深度贫困、集中连片贫困的茶产区有政策支持和资金保障，用于建设茶树花基地、引进先进生产设备，加快创新茶树花加工工艺和研发新产品，打造区域公用品牌和培育企业品牌、产品品牌，深入拓展营销渠道、宣传茶树花文化；三是推行茶树花产业品牌，提升茶树花产业在全国乃至世界范围内的知名度和影响力，开拓国内外茶树花消费市场。

（三）完善市场对茶树花体系的规范程度

2016年，农业部下发《关于加快推进农产品质量安全追溯体系建设的意见》，该意见明确指出，要实施食用农产品全程可追溯行动，逐步实现“从农田到餐桌”全过程可追溯管理。质量安全是产业发展的生命线，作为健康食品，茶树花产业也势必要走一条生态、特色、高效的发展之路，所以茶树花市场更需加强对茶树花及其产品质量安全的把控，形成茶树花产品的产业规范和产品标准。

一方面要以建立茶树花产品全过程溯源管理体系为目标，制定一系列围绕茶树花种植、采摘、初加工、精加工、运输、销售的安全标准，并借助现代物联网技术手段探索构建茶树花区块链管理体系，实现茶树花从茶园到餐桌全过程溯源管理；另一方面要结合各茶产区对于茶树花产业发展的新定位，按照茶树花产品多元化的发展要求，加快集成和建立当地特色茶树花规范化生产的技术规程和产品等级标准。并积极搭建茶树花“三产”融合助推平台，大力弘扬和宣传茶树花文化，把茶树花元素融入“生态农业旅游”的文化活动中去，努力让茶树花成为茶区富民兴村的新途径。

（四）加大产业发展的模式创新

中国共产党第十九届中央委员会第五次全体会议审议通过的《中共中央关于制定国民经济和社会发展第十四个五年规划和二〇三五年远景目标的建议》作出了及其重要的定性：“坚持创新在我国现代化建设全局中的核心地位……面向世界科技前沿、面向经济主战场、面向国家重大需求、面向人民生命健康，深入实施科教兴国战略……创新驱动发展战略，完善国家创新体系，加快建设科技强国。”中共中央这份历史性纲领文件，提出了“创新、协调、绿色、开放、共享”5个方面的发展理念、12个方面的重大任务，其中，“坚持创新，驱动发展”排在第一位。

茶树花产业可以通过4个方面提升创新性：一是茶树花资源创新。茶树花本身就是新资源食品，这一资源尚待大规模开发利用。二是产品结构形态创新。通过产业公司介入投资，开发出的系列创新性的茶树花产品，将产品结构定位在“吃”而不是“喝”。茶叶作为饮品几千年，结构单一的问题日益凸显，茶树花可规避这个问题。三是校企融合动能创新。2019年年初，国家发展和改革委员会、教育部公布了《建设产教融合型企业实施办法》，设定的目标是：到2022

年，建设数以万计的产教融合型企业，打造支撑高质量发展的“学习工厂”。茶树花产业公司可以率先行动，通过校企合作，力求同时激活企业和院校两个方面的科研孵化动能。四是文化引领，品牌创新。茶树花经营企业可以通过出版行业丛书、注册服务商标、创意文化活动等，与产业发展同步运行，针对中国茶叶长期缺乏国际品牌的短板问题，走出一条品牌创新的发展之路。

茶树花产业公司可以利用资源、技术、文化等独特优势，打造具有国际竞争力的文化健康绿色复合型国际品牌，构建创新产业发展的营销带动体系，促进产业快速健康发展。预计经过 5~10 年的努力，茶树花“万店千品百基地”推广工程顺利实施，茶树花产业发展规划循序推进，将促进数百万人，甚至上千万人就业、创业。

附录Ⅰ　茶树花生产示范企业

中农绿源茶树花科技有限公司

中农绿源茶树花科技有限公司创建于 2016 年，公司作为重大招商引资项目（萧山区“一事一议”项目）落户于浙江省杭州市萧山经济技术开发区，注册资金 1 亿元，是国内首家政府财政拨款扶持的茶树花企业（彩图 7）。

该公司用数年时间，完成了“基地建设—原料供应—初加工—精深加工—配方研发—终端产品—销售渠道—产业文化”等各个环节的无缝对接。该公司拥有两个成熟的茶树花原料基地，分别在四川省雅安市和安徽省六安市；同时，在盛产龙井茶的杭州市外桐坞村建立了茶树花产业示范基地。该公司已经或正在北京、杭州、成都、沈阳、济南、无锡等地设立产业合伙人运营中心及健康生活馆。2020 年 9 月，该公司又在著名的“中国扶贫第一村、改革开放第一村、乡村振兴第一村”——福建省赤溪村创建了福建赤溪茶树花农业科技有限公司，致力于打造赤溪“中国茶树花第一村”，并在 2020 年 11 月茶树花盛开时节，在赤溪村举行全国首届茶树花开采节。福建赤溪的白茶与茶树花产品见彩图 8。

该公司以《关于批准茶树花等 7 种新资源食品的公告》（卫生部公告 2013 年第 1 号）为先机，以研发团队的多项技术成果为基础，拟对接国家相关科研机构、两院院士、各级对口政府等，致力于“茶树花资源大量利用，茶树花研发技术快速转化，茶树花产品大量上市，茶树花文化众人皆知”，并充分发挥产融结合优势，加快茶树花资源开发与利用，促进茶树花产业健康发展，发挥茶树花产业在精准扶贫、乡村振兴中的推动作用。

新茶树花（杭州）文化传媒有限公司

新茶树花（杭州）文化传媒有限公司注册于2018年，是中农绿源茶树花科技有限公司的全资子公司，是伴随总公司发展的一体化配套服务公司。该公司在以下几个方面服务于茶树花产业的发展和推广。

一是致力于发挥“茶树花产品入市的文化供给”“茶树花产业发展的适时调节”“茶树花精神文化服务”几项功能。

二是讲好“茶农、茶区、茶情，花情、花愁、花贤，育民、乐民、富民”的中国茶树花故事，传播茶树花新资源利用、新产业发展中的创新理念、成功经验、科技成果、文化精神、功勋人物事迹。

三是挖掘茶树花蕴含的“药母花、母亲花、富民花、保健花、爱心花、平民花、文明花、佛缘花、和谐花”的“九花”文化内涵，弘扬生命文化、保健文化、爱心文化、生态文化、环保文化、养生文化、和谐文化、文明文化等价值观。

四是围绕茶树花天然资源升值、环境资源开发、劳动力资源使用、茶农幸福指数提高、企业经济效益攀升等国情问题，适时推出茶树花文化产品和创意文化活动。

五是构筑“以茶为题，以花为媒，以文化人，以缘兴业”的茶树花健康文化体系，为加速形成茶树花新产业助力。

配合产业发展，该公司召开了“茶树花产业链资源聚合·跨界契合结盟”会议；组建了中农绿源茶树花志愿服务团；策划了茶树花产业合伙人集训活动；多次赴福建省宁德地区“中国扶贫第一村、改革开放第一村、乡村振兴第一村”——福建省赤溪村进行调研，促成了福建赤溪茶树花农业科技有限公司成功注册；完成了“首届中国茶树花（赤溪）开采节”系列活动方案；出版了专著《走近茶树花》；编辑了60多份《茶树花简报》，持续跟踪茶树花产业发展足迹。

附录Ⅱ　茶树花产品企业标准范例

四川雅安全义茶树花科技有限公司企业标准

Q/CSH 0001S—2017

茶树花

2011-12-30 发布　　　　2017-11-22 实施

四川雅安全义茶树花科技有限公司　发布

Q/CSH 0001S—2017

前　言

依据《中华人民共和国食品安全法》及《国家卫生计生委办公厅关于进一步加强食品安全标准管理工作的通知》要求，本公司参照 NY/T 1506《绿色食品　食用花卉》标准，并结合产品特性，按照 GB/T 1.1《标准化工作导则　第1部分：标准的结构和编写》要求，起草了《茶树花》标准。

本标准由四川雅安全义茶树花科技有限公司提出。

本标准起草单位：四川雅安全义茶树花科技有限公司。

本标准主要起草人：张全义。

茶树花

1 范围

本标准规定了茶树花的技术要求、检验规则、标签、标志、包装、运输、贮存和保质期。

本标准适用于以鲜茶树花为原料，经选料、干燥、包装而制成的茶树花。

2 规范性引用文件

本标准中引用的文件对于本标准的应用是必不可少的。凡是注日期的引用文件，仅所注日期的版本适用于本标准。凡是不注日期的引用文件，其最新版本（包括所有的修改单）适用于本标准。

GB/T 191 包装储运图示标志

GB 2761 食品安全国家标准 食品中真菌毒素限量

GB 2762 食品安全国家标准 食品中污染物限量

GB 2763 食品安全国家标准 食品中农药最大残留限量

GB 5009.3 食品安全国家标准 食品中水分的测定

GB 5009.4 食品安全国家标准 食品中灰分的测定

GB 5009.11 食品安全国家标准 食品中总砷及无机砷的测定

GB 5009.12 食品安全国家标准 食品中铅的测定

GB 5009.15 食品安全国家标准 食品中镉的测定

GB 5009.17 食品安全国家标准 食品中总汞及有机汞的测定

GB/T 5009.19 食品中有机氯农药多组分残留量的测定

GB 5749 生活饮用水卫生标准

GB 7718 食品安全国家标准 预包装食品标签通则

GB 14881 食品安全国家标准 食品生产通用卫生规范

GB 28050 食品安全国家标准 预包装食品营养标签通则

JJF 1070 定量包装商品净含量计量检验规则

《定量包装商品计量监督管理办法》（国家质量监督检验检疫总局令〔2005〕第75号）

《食品标识管理规定》（国家质量监督检验检疫总局令〔2009〕第23号）

《关于批准茶树花等 7 种新资源食品的公告》（卫生部公告 2013 年第 1 号）

3 技术要求

3.1 原辅料要求

3.1.1 茶树花应符合《关于批准茶树花等 7 种新资源食品的公告》（卫生部公告 2013 年第 1 号）的规定。

3.1.2 生产用水应符合 GB 5749 的规定。

3.2 感官要求

应符合表 1 的规定。

表 1 感官要求

项目	要求	检验方法
色泽	具有本产品固有的色泽	取适量样品放入洁净的白瓷盘中，在充足的自然光下观察其色泽、组织形态/性状，检查有无杂质，并嗅其气味、尝其滋味
组织形态/性状	具有本产品固有的组织形态/性状，无霉变	
滋味、气味	具有本品种固有的气味和滋味，无异味	
杂质	无肉眼可见外来杂质	

3.3 理化指标

应符合表 2 的规定。

表 2 理化指标

项目	指标	检验方法
水分（g/100g）	≤13	GB 5009.3
总灰分（g/100g）	≤8.0	GB 5009.4
铅（以 Pb 计）（mg/kg）	≤4.9	GB 5009.12
镉（以 Cd 计）（mg/kg）	≤0.5	GB 5009.15
总汞（以 Hg 计）（mg/kg）	≤0.1	GB 5009.17
总砷（以 As 计）（mg/kg）	≤0.5	GB 5009.11

3.4 污染物限量

应符合 GB 2762 的规定。

3.5 真菌毒素限量

应符合 GB 2761 的规定。

3.6 农药残留限量

应符合 GB 2763 等国家标准和国家有关规定。

3.7 净含量及允许短缺量

按《定量包装商品计量监督管理办法》（国家质量监督检验检疫总局令〔2005〕第 75 号）执行，依照 JJF 1070 中规定的方法检验。

3.8 生产加工过程的卫生要求

应符合 GB 14881 的规定。

4 检验规则

4.1 原辅料检验

原辅料入库须经本单位检验部门检验合格或索取有效合格证明后方可入库。

4.2 出厂检验

4.2.1 产品出厂须经工厂检验部门逐批检验合格，附产品合格证方能出厂。

4.2.2 出厂检验项目包括感官要求、水分、净含量及允许短缺量。

4.3 型式检验

4.3.1 正常生产时每半年进行一次型式检验；有下列情况时也应进行型式检验。

a）产品定型时。

b）当原料来源发生变化或主要设备更换，可能影响到产品的质量时。

c）出厂检验的结果与上次型式检验有较大差异时。

d）停产 3 个月以上恢复生产时。

e）国家食品安全监督机构提出要求时。

4.3.2 型式检验项为本标准 3.2、3.3 规定的全部项目。

4.4 组批

以同批原料、同一配料、同一班次生产的产品为一批。

4.5 抽样方法及抽样数量

4.5.1 出厂检验每次在每批中随机抽取不少于 1kg（不少于 2 个最小销售包装）的成品进行检测，样品分为两份，一份作为检验样品，另一份作为备样样品。

4.5.2 型式检验抽样应在出厂检验合格批次中随机抽取不少于 2kg（不少于 4 个最小销售包装）的产品作为检测样品，样品分为两份，一份作为检验样品，另一份作为备样样品。

4.6 判定规则

所检验项目全部符合本标准判为合格品。如有不符合本标准的项目，可加倍抽样复检，复检后如仍不符合本标准，则判该产品为不合格品。

5 标志、标签、包装、运输、贮存和保质期

5.1 标志、标签

产品标签应符合 GB 7718、GB 28050 和《食品标识管理规定》（国家质量监督检验检疫总局令〔2009〕第 123 号）的规定，包装储运图示标志应符合 GB/T 191 的规定。

5.2 包装

包装材料和容器应符合相应的食品国家标准及有关规定，封口严密，包装牢固。

5.3 运输

运输工具应清洁卫生、无异味、无污染，运输过程中必须防雨、防潮、防晒，不得与有毒、有异味、易污染的物品混装、混运。

5.4 贮存

产品应贮存于清洁卫生、通风、防潮、防鼠、无异味的库房中，食品贮存时应留有一定间隙，隔墙离地，严禁与有毒有害、有异味、易污染的物品混存。

5.5 保质期

在符合本标准规定条件下，自生产之日起，保质期为 18 个月。

四川雅安全义茶树花科技有限公司企业标准

Q/CSH 0002S—2017

藏茶茶树花

2017-05-25 发布 **2017-06-22 实施**

四川雅安全义茶树花科技有限公司 发布

前 言

依据《中华人民共和国食品安全法》及《国家卫生计生委办公厅关于进一步加强食品安全标准管理工作的通知》要求，本公司参照 GH/T 1120《雅安藏茶》标准，并结合产品特性，按照 GB/T 1.1《标准化工作导则　第1部分：标准的结构和编写》要求，起草了《藏茶茶树花》标准。

本标准由四川雅安全义茶树花科技有限公司提出。

本标准起草单位：四川雅安全义茶树花科技有限公司。

本标准主要起草人：张全义。

藏茶茶树花

1 范围

本标准规定了藏茶茶树花的技术要求、检验规则、标志、标签、包装、运输、贮存和保质期。

本标准适用于以藏茶、茶树花为原料，经挑选、拼配、包装而成的藏茶茶树花。

2 规范性引用文件

本标准中引用的文件对于本标准的应用是必不可少的。凡是注日期的引用文件，仅所注日期的版本适用于本标准。凡是不注日期的引用文件，其最新版本（包括所有的修改单）适用于本标准。

GB/T 191 包装储运图示标志

GB 2762 食品安全国家标准 食品中污染物限量

GB 2763 食品安全国家标准 食品中农药的最大残留限量

GB 5009.3 食品安全国家标准 食品中水分的测定

GB 5009.4 食品安全国家标准 食品中灰分的测定

GB 5009.12 食品安全国家标准 食品中铅的测定

GB/T 5009.19 食品中有机氯农药多组分残留量的测定

GB/T 5009.20 食品中有机磷农药残留量的测定

GB/T 5009.146 植物性食品中有机氯和拟除虫菊酯类农药多种残留的测定

GB 5749 生活饮用水卫生标准

GB 7718 食品安全国家标准 预包装食品标签通则

GB/T 8305 茶水浸出物测定

GB/T 9833.1 紧压茶 第1部分：花砖茶

GB 14881 食品安全国家标准 食品生产通用卫生规范

GB/T 23776 茶叶感官审评方法

GB 28050 食品安全国家标准 预包装食品营养标签通则

GH/T 1120 雅安藏茶

JJF 1070 定量包装商品净含量计量检验规则

《定量包装商品计量监督管理办法》（国家质量监督检验检疫总局令〔2005〕第75号）

《食品标识管理规定》（国家质量监督检验检疫总局令〔2009〕第123号）

《关于批准茶树花等7种新资源食品的公告》（卫生部公告2013年第1号）

3 技术要求

3.1 原辅料要求

3.1.1 藏茶应符合GH/T 1120的规定。

3.1.2 茶树花应符合备案有效的企业标准的规定，并符合《关于批准茶树花等7种新资源食品的公告》（卫生部公告2013年第1号）的规定。

3.1.3 生产用水应符合GB 5749的规定。

3.2 感官要求

应符合表1的规定。

表1 感官要求

项目	要求	检验方法
色泽	具有本产品固有的色泽	GB/T 23776
组织形态/性状	具有本产品固有的组织形态/性状，无霉变	
滋味、气味	具有本品种固有的气味和滋味，无异味	
杂质	无肉眼可见外来杂质	

3.3 理化指标

应符合表2的规定。

表2 理化指标

项目	指标	检验方法
水分（g/100g）	≤9.0	GB 5009.3
总灰分（g/100g）	≤8.0	GB 5009.4
水浸出物（g/100g）	≥28	GB/T 8305
茶梗（g/100g）	≤7.0	GB/T 9833.1 附录A
铅（以Pb计）（mg/kg）	≤4.9	GB 5009.12

（续表）

项目	指标	检验方法
氯氰菊酯（mg/kg）	≤20	GB/T 5009.146
溴氰菊酯（mg/kg）	≤10	
氰戊菊酯（mg/kg）	≤20	
杀螟硫磷（mg/kg）	≤0.5	GB/T 5009.20
乙酰甲胺磷（mg/kg）	≤0.1	

3.4 污染物限量

应符合 GB 2762 的规定。

3.5 农药残留限量

应符合 GB 2763 等国家标准和国家有关规定。

3.6 净含量及允许短缺量

按《定量包装商品计量监督管理办法》（国家质量监督检验检疫总局令〔2005〕第 75 号）执行，依照 JJF 1070 中规定的方法检验。

3.7 生产加工过程的卫生要求

应符合 GB 14881 的规定。

4 检验规则

4.1 原辅料检验

原辅料入库须经本单位检验部门检验合格或索取有效合格证明后方可入库。

4.2 出厂检验

4.2.1 产品出厂须经工厂检验部门逐批检验合格，附产品合格证方能出厂。

4.2.2 出厂检验项目包括感官要求、水分、茶梗、水浸出物、净含量及允许短缺量。

4.3 型式检验

4.3.1 正常生产时每半年进行一次型式检验；有下列情况时也应进行型式检验。

a）产品定型时。

b）当原料来源发生变化或主要设备更换，可能影响到产品的质量时。

c）出厂检验的结果与上次型式检验有较大差异时。

d）停产 3 个月以上恢复生产时。

e）国家食品安全监督机构提出要求时。

4.3.2 型式检验项目包括技术要求中的全部项目。

4.4 组批

以同批原料、同一配料、同一班次生产的产品为一批。

4.5 抽样方法及抽样数量

4.5.1 出厂检验每次在每批中随机抽取不少于500g（不少于4个最小销售包装）的成品进行检测，样品分为两份，一份作为检验样品，一份作为备样样品。

4.5.2 型式检验抽样应在出厂检验合格批次中随机抽取不少于1kg（不少于8个最小销售包装）的产品作为检测样品，样品分为两份，一份作为检验样品，一份作为备样样品。

4.6 判定规则

所检验项目全部符合本标准判为合格品。如有不符合本标准的项目，可加倍抽样复检，复检后如仍不符合本标准，则判该产品为不合格品。

5 标志、标签、包装、运输、贮存和保质期

5.1 标志、标签

产品标志、标签应符合GB 7718、GB 28050和《食品标识管理规定》（国家质量监督检验检疫总局令〔2009〕第123号）的规定，包装储运图示标志应符合GB/T 191的规定。

5.2 包装

包装材料和容器应符合相应的食品国家标准及有关规定，封口严密，包装牢固。

5.3 运输

运输工具应清洁卫生、无异味、无污染，运输过程中必须防雨、防潮、防晒，不得与有毒、有异味、易污染的物品混装、混运。

5.4 贮存

产品应贮存于清洁卫生、通风、防潮、防鼠、无异味的库房中，食品贮存时应留有一定间隙，隔墙离地，严禁与有毒有害、有异味、易污染的物品混存。

5.5 保质期

在符合本标准规定条件下，自生产之日起，保质期为长期。

四川雅安全义茶树花科技有限公司企业标准

Q/CSH 0003S—2017

红茶茶树花

2017-05-25 发布 **2017-06-22 实施**

四川雅安全义茶树花科技有限公司 发布

Q/CSH 0003S—2017

前　言

依据《中华人民共和国食品安全法》及《国家卫生计生委办公厅关于进一步加强食品安全标准管理工作的通知》要求，本公司参照 GB/T 13738.2《红茶　第2部分：工夫红茶》标准，并结合产品特性，按照 GB/T 1.1《标准化工作导则　第1部分：标准的结构和编写》要求，起草了《红茶茶树花》标准。

本标准由四川雅安全义茶树花科技有限公司提出。

本标准起草单位：四川雅安全义茶树花科技有限公司。

本标准主要起草人：张全义。

红茶茶树花

1　范围

本标准规定了红茶茶树花的技术要求、检验规则、标志、标签、包装、运输、贮存和保质期。

本标准适用于以红茶、茶树花为原料，经挑选、拼配、包装而成的红茶茶树花。

2　规范性引用文件

本标准中引用的文件对于本标准的应用是必不可少的。凡是注日期的引用文件，仅所注日期的版本适用于本标准。凡是不注日期的引用文件，其最新版本（包括所有的修改单）适用于本标准。

GB/T 191　包装储运图示标志

GB 2762　食品安全国家标准　食品中污染物限量

GB 2763　食品安全国家标准　食品中农药的最大残留限量

GB 5009.3　食品安全国家标准　食品中水分的测定

GB 5009.4　食品安全国家标准　食品中灰分的测定

GB 5009.12　食品安全国家标准　食品中铅的测定

GB/T 5009.19　食品中有机氯农药多组分残留量的测定

GB/T 5009.20　食品中有机磷农药残留量的测定

GB/T 5009.146　植物性食品中有机氯和拟除虫菊酯类农药多种残留的测定

GB 5749　生活饮用水卫生标准

GB 7718　食品安全国家标准　预包装食品标签通则

GB/T 8305　茶　水浸出物测定

GB/T 8311　茶　粉末和碎茶含量测定

GB 14881　食品安全国家标准　食品生产通用卫生规范

GB/T 23776　茶叶感官审评方法

GB 28050　食品安全国家标准　预包装食品营养标签通则

NY/T 780　红茶

JJF 1070　定量包装商品净含量计量检验规则

《定量包装商品计量监督管理办法》（国家质量监督检验检疫总局令〔2005〕第75号）

《食品标识管理规定》（国家质量监督检验检疫总局令〔2009〕第123号）

《关于批准茶树花等7种新资源食品的公告》（卫生部2013年公告第1号）

3　技术要求

3.1　原辅料要求

3.1.1　红茶应符合NY/T 780的规定。

3.1.2　茶树花应符合备案有效的企业标准的规定，并符合《关于批准茶树花等7种新资源食品的公告》（卫生部2013年公告第1号）的规定。

3.1.3　生产用水应符合GB 5749的规定。

3.2　感官要求

应符合表1的规定。

表1　感官要求

项目	要求	检验方法
色泽	具有本产品固有的色泽	GB/T 23776
组织形态/性状	具有本产品固有的组织形态/性状，无霉变	
滋味、气味	具有本品种固有的气味和滋味，无异味	
杂质	无肉眼可见外来杂质	

3.3　理化指标

应符合表2的规定。

表2　理化指标

项目	指标	检验方法
水分（g/100g）	≤7.0	GB 5009.3
总灰分（g/100g）	≤6.5	GB 5009.4
粉末（g/100g）	≤1.5	GB/T 8311
水浸出物（g/100g）	≥28	GB/T 8305
铅（以Pb计）（mg/kg）	≤4.9	GB 5009.12

（续表）

项目	指标	检验方法
氯氰菊酯（mg/kg）	≤20	GB/T 5009.146
溴氰菊酯（mg/kg）	≤10	
氟氰戊菊酯（mg/kg）	≤20	
杀螟硫磷（mg/kg）	≤0.5	GB/T 5009.20
乙酰甲胺磷（mg/kg）	≤0.1	

3.4 污染物限量

应符合 GB 2762 的规定。

3.5 农药残留限量

应符合 GB 2763 等国家标准和国家有关规定。

3.6 净含量及允许短缺量

按《定量包装商品计量监督管理办法》（国家质量监督检验检疫总局令〔2005〕第 75 号）执行，依照 JJF 1070 中规定的方法检验。

3.7 生产加工过程的卫生要求

应符合 GB 14881 的规定。

4 检验规则

4.1 原辅料检验

原辅料入库须经本单位检验部门检验合格或索取有效合格证明后方可入库。

4.2 出厂检验

4.2.1 产品出厂须经工厂检验部门逐批检验合格，附产品合格证方能出厂。

4.2.2 出厂检验项目包括感官要求、水分、粉末、水浸出物、净含量及允许短缺量。

4.3 型式检验

4.3.1 正常生产时每半年进行一次型式检验；有下列情况时也应进行型式检验。

a）产品定型时。

b）当原料来源发生变化或主要设备更换，可能影响到产品的质量时。

c）出厂检验的结果与上次型式检验有较大差异时。

d）停产 3 个月以上恢复生产时。

e）国家食品安全监督机构提出要求时。

4.3.2 型式检验项目包括技术要求中的全部项目。

4.4 组批

以同批原料、同一配料、同一班次生产的产品为一批。

4.5 抽样方法及抽样数量

4.5.1 出厂检验每次在每批中随机抽取不少于500g（不少于4个最小销售包装）的成品进行检测，样品分为两份，一份作为检验样品，一份作为备样样品。

4.5.2 型式检验抽样应在出厂检验合格批次中随机抽取不少于1kg（不少于8个最小销售包装）的产品作为检测样品，样品分为两份，一份作为检验样品，一份作为备样样品。

4.6 判定规则

所检验项目全部符合本标准判为合格品。如有不符合本标准的项目，可加倍抽样复检，复检后如仍不符合本标准，则判该产品为不合格品。

5 标志、标签、包装、运输、贮存和保质期

5.1 标志、标签

产品标志、标签应符合GB 7718、GB 28050和《食品标识管理规定》（国家质量监督检验检疫总局令〔2009〕第123号）的规定，包装储运图示标志应符合GB/T 191的规定。

5.2 包装

包装材料和容器应符合相应的食品国家标准及有关规定，封口严密，包装牢固。

5.3 运输

运输工具应清洁卫生、无异味、无污染，运输过程中必须防雨、防潮、防晒，不得与有毒、有异味、易污染的物品混装、混运。

5.4 贮存

产品应贮存于清洁卫生、通风、防潮、防鼠、无异味的库房中，食品贮存时应留有一定间隙，隔墙离地，严禁与有毒有害、有异味、易污染的物品混存。

5.5 保质期

在符合本标准规定条件下，自生产之日起，保质期为2年。

四川雅安全义茶树花科技有限公司企业标准

Q/CSH 0004S—2017

绿茶茶树花（调配茶）

2017-08-09 发布　　　　**2017-09-05 实施**

四川雅安全义茶树花科技有限公司　发布

Q/CSH 0004S—2017

前　言

依据《中华人民共和国食品安全法》及《国家卫生计生委办公厅关于进一步加强食品安全标准管理工作的通知》要求，本公司参照 GB/T 14456.1《绿茶　第1部分：基本要求》标准，并结合产品特性，按照 GB/T 1.1《标准化工作导则　第1部分：标准的结构和编写》要求，起草了《绿茶茶树花（调配茶）》标准。

本标准由四川雅安全义茶树花科技有限公司提出。

本标准起草单位：四川雅安全义茶树花科技有限公司。

本标准主要起草人：张全义。

绿茶茶树花（调配茶）

1　范围

本标准规定了绿茶茶树花（调配茶）技术要求、检验规则、标志、标签、包装、运输、贮存和保质期。

本标准适用于以绿茶、茶树花为原料，经挑选、拼配、包装而成的绿茶茶树花（调配茶）。

2　规范性引用文件

本标准中引用的文件对于本标准的应用是必不可少的。凡是注日期的引用文件，仅所注日期的版本适用于本标准。凡是不注日期的引用文件，其最新版本（包括所有的修改单）适用于本标准。

GB/T 191　包装储运图示标志

GB 2762　食品安全国家标准　食品中污染物限量

GB 2763　食品安全国家标准　食品中农药的最大残留限量

GB 5009.3　食品安全国家标准　食品中水分的测定

GB 5009.4　食品安全国家标准　食品中灰分的测定

GB 5009.12　食品安全国家标准　食品中铅的测定

GB/T 5009.19　食品中有机氯农药多组分残留量的测定

GB/T 5009.103　植物性食品中甲胺磷和乙酰甲胺磷农药残留量的测定

GB/T 5009.110　植物性食品中氯氰菊酯、氰戊菊酯和溴氰菊酯残留量的测定

GB 5749　生活饮用水卫生标准

GB/T 8305　茶　水浸出物测定

GB/T 8309　茶　水溶性灰分碱度测定

GB/T 8310　茶　粗纤维测定

GB/T 8311　茶　粉末和碎茶含量测定

GB 7718　食品安全国家标准　预包装食品标签通则

GB 14881　食品安全国家标准　食品生产通用卫生规范

GB/T 18665　地理标志产品　蒙山茶

GB/T 20769　水果和蔬菜中 405 种农药及相关化学品残留量的测定液相色谱—串联质谱法

GB/T 23204　茶叶中 519 种农药及相关化学品残留量的测定

GB/T 23776　茶叶感官审评方法

GB 28050　食品安全国家标准　预包装食品营养标签通则

JJF 1070　定量包装商品净含量计量检验规则

《定量包装商品计量监督管理办法》(国家质量监督检验检疫总局令〔2005〕第75号)

《食品标识管理规定》(国家质量监督检验检疫总局令〔2009〕第123号)

《关于批准茶树花等7号新资源食品的公告》(卫生部公告2013年第1号)

3　技术要求

3.1　原辅料要求

3.1.1　绿茶应符合 GB/T 18665 的规定。

3.1.2　茶树花应符合备案有效的企业标准的规定，并符合《关于批准茶树花等7号新资源食品的公告》(卫生部公告2013年第1号) 的规定。

3.1.3　生产用水应符合 GB 5749 的规定。

3.2　感官要求

应符合表1的规定。

表1　感官要求

项目	要求	检验方法
色泽	具有本产品固有的色泽	GB/T 23776
组织形态/性状	具有本产品固有的组织形态/性状，无霉变	
滋味、气味	具有本品种固有的气味和滋味，无异味	
杂质	无肉眼可见外来杂质	

3.3　理化指标

应符合表2的规定。

表2　理化指标

项目	指标	检验方法
水分 (g/100g)	≤7.0	GB 5009.3
总灰分 (g/100g)	≤7.5	GB 5009.4
铅 (以 Pb 计) (mg/kg)	≤4.95	GB 5009.12

（续表）

项目	指标	检验方法
碎末茶（质量分数）（g/100g）	≤6.0	GB/T 8311
水浸出物（质量分数）（g/100g）	≥34.0	GB/T 8305
粗纤维（质量分数）（g/100g）	≤16.0	GB/T 8310
酸不溶性灰分（质量分数）（g/100g）	≤1.0	GB 5009.4
水溶性灰分，占总灰分（质量分数）（g/100g）	≥45.0	GB 5009.4
水溶性灰分碱度（以 KOH 计，质量分数）（g/100g）	≥1.0；≤3.0	GB/T 8309
氯氰菊酯（mg/kg）	≤20	GB/T 23204
溴氰菊酯（mg/kg）	≤10.0	GB/T 5009.110
氰戊菊酯（mg/kg）	≤20.0	GB/T 23204
杀螟硫磷（mg/kg）	≤0.5	GB/T 20769
乙酰甲胺磷（mg/kg）	≤0.1	GB/T 5009.103

3.4　污染物限量

应符合 GB 2762 的规定。

3.5　农药残留限量

应符合 GB 2763 等国家标准和国家有关规定。

3.6　净含量及允许短缺量

按《定量包装商品计量监督管理办法》（国家质量监督检验检疫总局令〔2005〕第 75 号）执行，依照 JJF 1070 中规定的方法检验。

3.7　生产加工过程的卫生要求

应符合 GB 14881 的规定。

4　检验规则

4.1　原辅料检验

原辅料入库须经本单位检验部门检验合格或索取有效合格证明后方可入库。

4.2　出厂检验

4.2.1　产品出厂须经工厂检验部门逐批检验合格，附产品合格证方能出厂。

4.2.2　出厂检验项目包括感官要求、水分、粉末、净含量及允许短缺量。

4.3　型式检验

4.3.1　正常生产时每半年进行一次型式检验；有下列情况时也应进行型式检验。

a）产品定型时。

b）当原料来源发生变化或主要设备更换，可能影响到产品的质量时。

c）出厂检验的结果与上次型式检验有较大差异时。

d）停产 3 个月以上恢复生产时。

e）国家食品安全监督机构提出要求时。

4.3.2 型式检验项为本标准 3.2、3.3 规定的全部项目。

4.4 组批

以同批原料、同一配料、同一班次生产的产品为一批。

4.5 抽样方法及抽样数量

4.5.1 出厂检验每次在每批中随机抽取不少于 500g（不少于 4 个最小销售包装）的成品进行检测，样品分为两份，一份作为检验样品，一份作为备样样品。

4.5.2 型式检验抽样应在出厂检验合格批次中随机抽取不少于 1kg（不少于 8 个最小销售包装）的产品作为检测样品，样品分为两份，一份作为检验样品，一份作为备样样品。

4.6 判定规则

所检项目全部合格判为合格。若出现不合格项时，可加倍抽样复验，复验合格则判为该批产品合格；如仍有不合格项目，则判定该批产品为不合格。

5 标志、标签、包装、运输、贮存和保质期

5.1 标志、标签

产品标志、标签应符合 GB 7718、GB 28050 和《食品标识管理规定》（国家质量监督检验检疫总局令〔2009〕第 123 号）的规定，包装储运图示标志应符合 GB/T 191 的规定。

5.2 包装

包装材料和容器应符合相应的食品国家标准及有关规定，封口严密，包装牢固。

5.3 运输

运输工具应清洁卫生、无异味、无污染，运输过程中必须防雨、防潮、防晒，不得与有毒有害、有异味、易污染的物品混装、混运。

5.4 贮存

贮存产品的仓库应保持清洁卫生、干燥通风、防鼠、无异味，严防受热或阳光暴晒，产品应离墙离地，防止与潮湿地面接触；严禁与有毒有害、有异味、易污染的物品混贮。

5.5 保质期

在符合本标准规定条件下，自生产之日起，保质期为 18 个月。